婦人科がんの
分子病理学と
治療レジメン

🐱 ObGynBooks

婦人科がんの分子病理学と治療レジメン
*Molecular Pathology and Treatment Regimens for Gynecologic Malignancies (Japanese edition).*
Copyright © 2021 by Junji Mitsushita.

All rights reserved. This publication is filed with U.S. Copyright Office (Washington DC, USA), and protected by copyright. No part of this publication may be reproduced, distributed, or transmitted in any form or by any means except for the uses permitted by copyright law.

ISBN: 978-1-7353819-0-9

## ObGynBooks.

Torrance, California, USA.
https://www.obgynbooks.com/

# はじめに

　遺伝子および分子生物学的知識が婦人科がんの臨床にますます必要になってきている。そこで本書の前半(第1章、第2章)では婦人科がんの遺伝子変異を病理組織別に簡潔に記載した。後半(第3-5章)は前著『婦人科がんの化学療法 改訂第2版』を全面的に書き直した内容となっており、最近の臨床試験の結果および薬物療法レジメンを記載している。オリジナルの図18点を挿入し、随所に読み物的なコラムを書き下ろした。

　国際共同プロジェクトが約10年を費やしてヒトの全ゲノムを明らかにして発表したのは西暦2001年だった。一説には27億ドルくらいの費用をかけたとされる。それが今や、ひとりのヒトのゲノムをたった100ドル程度、そして数時間で解析できてしまう。もはやちょっとした検査という位置づけだ。おそらく今後この傾向は加速するのではないかと思う。

　遺伝子変異は多様だ。したがって今後はがんの診断も治療も多様化し、さらには個別化していくのだろう。同じ病理組織型だが異なる遺伝子異常の腫瘍に対して同じ薬物療法でよいのだろうか。逆に病理組織型が異なっていたり、異なる臓器に発生したりしているけれども遺伝子変異は類似の腫瘍に対して、異なる薬物療法でよいのだろうか。そういう疑問を抱きながら日々の臨床を行っている。

2021年7月

満下　淳地

# 目次

## 1　婦人科がんの病理　　1
### 1.1　卵巣癌と子宮体癌の免疫染色の傾向　　2
### 1.2　卵巣癌の病理学的特徴　　3
### 1.3　子宮体癌の病理学的特徴　　6
### 1.4　子宮頚癌の病理学的特徴　　9
### 1.5　その他のがんの病理学的特徴　　11

## 2　婦人科がんの遺伝子変異　　15
### 2.1　Somatic mutations　　16
### 2.2　Germline mutations　　30

## 3　臨床試験　　33
### 3.1　臨床試験の読み方　　34
#### 3.1.1　臨床試験の諸問題　　35
#### 3.1.2　優越性、非劣性、同等性　　37
#### 3.1.3　Endpoint　　41
### 3.2　臨床試験ピックアップ　　43
#### 3.2.1　卵巣癌の治療比較　　44
#### 3.2.2　子宮体癌の治療比較　　54

| 3.2.3 | 子宮頸癌の治療比較 | 55 |
|---|---|---|
| 3.2.4 | 肉腫の治療比較 | 57 |

# 4 単剤薬物療法レジメン　59

## 4.1 分子標的薬　60

| 4.1.1 | Niraparib | 61 |
|---|---|---|
| 4.1.2 | Olaparib | 64 |
| 4.1.3 | Pembrolizumab（Pem） | 66 |
| 4.1.4 | Bevacizumab（Bev） | 70 |
| 4.1.5 | Pazopanib（Paz） | 74 |

## 4.2 プラチナ製剤　76

| 4.2.1 | Carboplatin（CBDCA） | 77 |
|---|---|---|
| 4.2.2 | Cisplatin（CDDP） | 81 |
| 4.2.3 | Nedaplatin（NDP） | 84 |

## 4.3 タキサン系製剤　86

| 4.3.1 | Paclitaxel（PTX） | 87 |
|---|---|---|
| 4.3.2 | Docetaxel（DTX） | 90 |

## 4.4 トポイソメラーゼ阻害薬　93

| 4.4.1 | Irinotecan（CPT-11） | 94 |
|---|---|---|
| 4.4.2 | Topotecan, Nogitecan（TOP） | 98 |
| 4.4.3 | Etoposide（VP-16） | 101 |

| | | |
|---|---|---|
| 4.4.4 | Doxorubicin（DXR） | 103 |
| 4.4.5 | Pegylated Liposomal Doxorubicin（PLD） | 105 |
| **4.5** | **核酸合成経路阻害薬** | **107** |
| 4.5.1 | Gemcitabine（GEM） | 108 |
| 4.5.1 | Methotrexate（MTX） | 110 |
| 4.5.2 | フッ化ピリミジン誘導体 | 112 |
| **4.6** | **抗腫瘍性抗生物質** | **114** |
| 4.6.1 | Actinomyocin D（Act-D） | 115 |
| 4.6.2 | Bleomycin（BLM） | 117 |
| **4.7** | **アルキル化剤** | **119** |
| 4.7.1 | Ifosfamide（IFM） | 120 |
| 4.7.2 | Cyclophosfamide（CPA） | 122 |
| **4.8** | **その他の抗がん剤** | **124** |
| 4.8.1 | Eribulin | 125 |
| 4.8.2 | Trabectedin | 127 |
| ***5*** | ***併用薬物療法レジメン*** | ***129*** |
| **5.1** | **CBDCA を含むレジメン** | **130** |
| 5.1.1 | TC（PTX + CBDCA）+ Bev | 131 |
| 5.1.2 | DC（DTX + CBDCA）+ Bev | 134 |
| 5.1.3 | GC（GEM + CBDCA）+ Bev | 136 |

| | | |
|---|---|---|
| 5.1.4 | PLD-C(PLD + CBDCA)+ Bev | 138 |

## 5.2　CDDP を含むレジメン　139

| | | |
|---|---|---|
| 5.2.1 | TP(PTX + CDP)+ Bev | 140 |
| 5.2.2 | DP(DTX + CDDP) | 142 |
| 5.2.3 | AP(DXR + CDDP) | 144 |
| 5.2.4 | CDDP + CPT-11 | 145 |
| 5.2.5 | BEP(BLM + VP-16 + CDDP) | 147 |
| 5.2.6 | EP(VP-16 + CDDP) | 149 |
| 5.2.7 | TIP(PTX + IFM + CDDP) | 151 |
| 5.2.8 | IAP(IFM + DXR + CDDP) | 152 |

## 5.3　NDP を含むレジメン　154

| | | |
|---|---|---|
| 5.3.1 | TN(PTX + NDP) | 154 |
| 5.3.2 | NDP + CPT-11 | 156 |

## 5.4　白金製剤を含まないレジメン　158

| | | |
|---|---|---|
| 5.4.1 | PTX/PLD/TOP+Bev | 158 |
| 5.4.2 | GD(GEM + DTX) | 160 |
| 5.4.3 | EMA/CO | 162 |

# 6　薬物療法の補足事項　165

## 6.1　Adverse event　166

| 6.2 | Anti-emetics | 167 |
|---|---|---|
| 6.3 | RECIST と奏効率 | 168 |
| 7 | 参考文献 | 170 |

# 図リスト

| 図2-1 TNF/CASPASE-8 による apoptosis | 18 |
|---|---|
| 図2-2 Cyclin による G1/S 期の調節 | 19 |
| 図2-3 HPV 感染細胞では p16 の発現が亢進する | 20 |
| 図2-4 WNT/APC/β-catenin シグナル伝達系 | 21 |
| 図2-5 Ras の活性化・不活化 | 24 |
| 図2-6 Ras のふたつの effector | 25 |
| 図2-7 PTEN は PI3K に拮抗する | 27 |
| 図3-1 信頼区間を用いた優越性試験の解釈 | 38 |
| 図3-2 n を増やせば有意になる | 38 |
| 図3-3 信頼区間を用いた非劣性試験の解釈 | 39 |
| 図3-4 信頼区間を用いた同等性試験の解釈 | 40 |
| 図4-1 PARP inhibitor の作用機序 | 63 |
| 図4-2 PEM の作用機序 | 69 |
| 図4-3 Bev の作用機序 | 73 |
| 図4-4 Paz の作用機序 | 75 |

図4-5 プラチナ製剤耐性 _____ 76

図4-6 CPT-11 の代謝と排泄 _____ 95

図4-7 核酸合成経路とその阻害 _____ 107

図4-8 BLM の代謝 _____ 118

# コラム

世界初の controlled trial _____ 34

Archibald Leman Cochrane (1909-1988) _____ 43

分子標的薬の命名法 _____ 60

プラチナ製剤耐性のメカニズム _____ 76

プラチナ製剤アレルギーに対する他のプラチナ製剤投与 __ 76

毒薬としてのイチイ (Taxus) _____ 86

トポイソメラーゼ I と II _____ 93

デオキシリボヌクレオチドからの核酸合成阻害 _____ 107

抗生物質と Streptomyces _____ 114

化学兵器から作られた抗がん剤 _____ 119

海洋生物から単離された抗がん剤 _____ 124

# 1 婦人科がんの病理

# 1.1 卵巣癌と子宮体癌の免疫染色の傾向

　HE 染色のみで組織学的診断が一度確定した卵巣癌を、後に免疫染色により詳細に検討すると 15-27%程度は診断が覆るとの報告がある[266]。
　免疫染色の結果は、使用する抗体などの条件や、病理医が陽性と診断するかどうかの基準によって左右されるため、報告によってバラツキが生じる。また、同じ組織型でもがんの grade によって染色の傾向が異なる。表 1-1 は、複数の報告を参考にした免疫染色による婦人科癌鑑別のおよその目安である。
　([19][133][134][156][157][163][237][266][273][275][298][504][514][540]より作成。)

**表 1-1 卵巣癌、子宮体癌の免疫染色による鑑別**

| | | p53 | WT1 | ER | PR | p16 | ARD | Nap A |
|---|---|---|---|---|---|---|---|---|
| 卵巣 | HGSC | +++ | +++ | ++ | + | ++ | +++ | - |
| | LGSC | +- | +++ | ++ | ++ | - | +++ | - |
| | EC | +- | +- | ++ | ++ | +- | +++ | +- |
| | CCC | +- | - | +- | +- | +- | +- | +++ |
| | MC | + | | +- | +- | +- | +++ | |
| 子宮 | EC(G1/2) | +++ | +- | +++ | +++ | +- | +++ | |
| | SC | +++ | + | +- | - | +++ | +++ | +- |
| | CCC | + | +- | + | +- | - | +++ | ++ |

　HGSC:High-grade serous carcinoma、LGSC:Low-grade serous carcinoma、EC:Endometrioid carcinoma、CCC:Clear cell carcinoma、MC:mucinous carcinoma、SC:Serous carcinoma。
　ER:Estrogen receptor、PR:Progesterone receptor、ARD:ARID1A、Nap A: Napsin A。
　+++:80-100%の症例で陽性。以下、++:50-80%、+:20-50%、+-:< 20%、-:0%。
　p53 は mutant pattern(diffuse に染まるか、または全く染まらない)の染色頻度。
　p16 は diffuse に染まる場合を陽性とした。

# 1.2 卵巣癌の病理学的特徴

## High-grade serous carcinoma

卵巣癌の62-69%程度がhigh-grade serous carcinomaである[103][383][408]。

**5年生存率（アメリカ、2004-2014年）[384][475]**
- IA-IB期(local)　　　　84%
- IC-II期(regional)　　 67.7%
- III期以上(distant)　　32.1%

**報告されている遺伝子変異（somatic mutation）[77]**
*BRCA1/2、CCNE1、CDK12、CSMD3、FAT3、NF1、RB1、TP53*

**予後推測のためのbiomarker**
*BRCA1/2*に変異が入っている場合や相同組み換え修復欠損がある場合、PARP inhibitorの効果をより期待でき、これらの変異が入っていない場合よりも予後が良好とされる[164][318][327][328][382][401]（「4.1.1 Niraparib」p.61、「3.2.1 卵巣癌の治療比較」p.44 参照）。
*CCNE1*の増幅が見られる場合、化学療法抵抗性だとの報告がある[169]。

## Low-grade serous carcinoma

卵巣癌の1-3%程度がlow-grade serous carcinomaである[103][408]。

**5年生存率（アメリカ、2004-2014年）[384][475]**
- IA-IB期(local)　　　　93.2%
- IC-II期(regional)　　 82.7%
- III期以上(distant)　　54.2%

**報告されている遺伝子変異（somatic mutation）[206][537]**
*CDKN2A/B、EIF1AX、HER2、RAF、RAS、USP9X*

**予後推測のためのbiomarker**
ER、PRどちらも陽性の場合、どちらも陰性の場合よりも予後がよいとの報告がある[436]。ER陽性の場合、乳がん治療に用いられるletrozoleなどのaromatase inhibitorが奏功するという報告がある[156][157]。
*KRAS*に変異が入っている場合は再発率が高く、BRAF$^{V600E}$変異の場合は再発率

が低いとの報告がある[484]。BRAF$^{V600E}$変異は免疫染色で認識できる[487]。

## Endometrioid carcinoma

卵巣癌の8-10%程度がendometrioid carcinomaである[103][383][384][408]。

**5年生存率（アメリカ、2004-2014年）[384][475]**
    IA-IB期（local）        87.1%
    IC-II期（regional）     83.9%
    III期以上（distant）    44.7%

**報告されている遺伝子変異（somatic mutation）[60][391][396]**
    *ARID1A、CTNNB1、KMT2B、KRAS、PIK3CA、PIK3R1、PTEN、TP53*

**予後推測のためのbiomarker**
    免疫染色でp53がmutant patternの場合、予後不良との報告がある[374]。
    免疫染色でERまたはPR陽性の場合、陰性の場合よりも予後良好との報告がある[445]。
    *CTNNB1*変異がある場合、予後良好との報告がある[151]。この場合、免疫染色でβ-catenin（*CTNNB1*の産物）が核に局在する（図2-4）。また、扁平上皮化成を伴う傾向がある。

## Clear cell carcinoma

アメリカでは卵巣癌の7-12%程度がclear cell carcinomaである[383][408]。日本ではもっとずっと多いとされる[284]。

**5年生存率（アメリカ、2004-2014年）[384][475]**
    IA-IB期（local）        81.7%
    IC-II期（regional）     69.0%
    III期以上（distant）    22.3%

**報告されている遺伝子変異[60][236][335][396]**
    *ARID1A、KRAS、MSH2、PIK3CA、PPP2R1A、PTEN*

**予後推測のためのbiomarker**
    免疫染色でMSH2/MSH6などのDNA mismatch repair（MMR）proteinが染色されない（通常、MSI-highとなる）場合、予後がよい傾向があるとの報告がある[203][453]。
    *ARID1A*に変異が入っている場合、clear cell carcinoma細胞のGEMに対する感受性が上昇することが示唆されている[465]。

## 1.2 卵巣癌の病理学的特徴

## Mucinous carcinoma

卵巣癌の6-11%程度がmucinous carcinomaである[383][408]。

### 5年生存率（アメリカ、2004-2014年）[384][475]
| | |
|---|---|
| IA-IB期(local) | 82.9% |
| IC-II期(regional) | 69.5% |
| III期以上(distant) | 13.9% |

### 報告されている遺伝子変異[287]
*HER2*、*KRAS*、*TP53*

### 予後推測のためのbiomarker
卵巣mucinous carcinomaの34%で*HER2*増幅も*KRAS*変異もどちらも見られない。このような場合は予後不良であるとの報告がある[322]。

# 1.3 子宮体癌の病理学的特徴

## Endometrioid carcinoma

子宮体癌の68%がendometrioid carcinomaである[187]。子宮体癌の15%がhigh grade(G3)のendometrioid carcinomaである[180]。

**5年生存率（フロリダ州、2005-2016年）[224][475]**
(全期で)
Low grade(G1/2): 85.3%
High grade(G3): 58.3%

**報告されている遺伝子変異（somatic mutation）[76][107][431]**
*ARID1A、ARID5B、CTNNB1、KRAS、KMT2B、PIK3CA、POLE、PTEN、TP53*

**予後推測のためのbiomarker**
組織型によらず、遺伝子変異から(1)*POLE* mutation、(2)mismatch-repair-deficient、(3)p53 wild type/copy number low、(4)p53 mutant pattern/copy number highの4つに子宮体癌を分類することもある[46][403][482][498]。これらのうち、*POLE* mutationは予後良好との報告がある[186][403]。p53 mutant pattern/copy number highの場合、low grade(G1/2)でも予後不良との報告がある[403][529]。
Low grade(G1/2)では95%の症例でER+だが、high grade(G3)ではERの染色が悪くなる[515]。免疫染色で子宮内膜癌細胞のうちERおよびPR陽性細胞の割合が、0-10%なら高リスク、20-80%なら中間リスク、90-100%なら低リスクとする考え方がある[220]。

## Serous carcinoma

子宮体癌の10%がserous carcinomaである[180]。

**5年生存率**
(アメリカ、2001-2015年)：IA期74.7%、IB期46.8%、II期44.5%[182][475]
(フロリダ州、2005-2016年)：全期38.0%[224][475]

**報告されている遺伝子変異（somatic mutation）[46][64][107][139][431]**
*CCNE1、FBXW7、HER2、PIK3CA、PPP2R1A、PTEN、TP53*

**予後推測のためのbiomarker**

## 1.3 子宮体癌の病理学的特徴

HER2 増幅が見られるか、免疫染色で HER2 陽性の場合は再発率が高く、予後不良とされる[28][129][139]。

## Clear cell carcinoma

子宮体癌の 3%が clear cell carcinoma である[180]。

**5 年生存率（フロリダ州、2005-2016 年）[224][475]**
(全期で)55.1%

**報告されている遺伝子変異（somatic mutation）[116]**
ARID1A、FBXW7、KRAS、PIK3CA、PIK3R1、POLE、PPP2R1A、SPOP、TP53

**予後推測のための biomarker**
免疫染色で p53 が mutant pattern の場合、予後不良との報告がある[237]。

## Carcinosarcoma

子宮体癌の 5%が carcinosarcoma である[187]。

**5 年生存率（フロリダ州、2005-2016 年）[224][475]**
(全期で)30.1%

**報告されている遺伝子変異（somatic mutation）[90][302][306]**
ARID1A、FBXW7、KRAS、PIK3CA、PIK3R1、PIK3R2、PPP2R1A、PTEN、TP53
Carcinoma 部分と sarcoma 部分で共通の遺伝子変異を認めるとされる[306]。

## Undifferentiated/dedifferentiated carcinoma

未分化な癌細胞のみで構成される場合は undifferentiated carcinoma と呼ばれ、分化のよい癌(G1/2 endometrioid carcinoma など)も含まれる場合は dedifferentiated carcinoma と呼ばれる。子宮体癌の 1.1%が undifferentiated carcinoma である[13]。子宮体癌の 9%が undifferentiated/dedifferentiated carcinoma であるという報告もある[15]。

**5 年生存率（アメリカ、2004-2013 年）[13][475]**
IA 期 75%、II 期 59%、III 期 44%、IV 期 22%

**報告されている遺伝子変異（somatic mutation）**
**[93][480][425][305][132][412][250]**
ARID1A、ARID1B、CTNNB1、FBXW7、PIK3CA、POLE、PPP2R1A、TP53

## 1 婦人科がんの病理

DNAミスマッチ修復遺伝子変異を44%で認める[480]。
*ARID1A*、*AID1B*、*SMARCA4*、*SMARCB1*といったSWI-SNF complex構成因子の変異や発現消失が重要と見られている[93][305]。

**予後推測のためのbiomarker**
*POLE* mutationは比較的予後良好との報告がある[132]。

# 1.4 子宮頸癌の病理学的特徴

## Squamous cell carcinoma

### 5年生存率
(韓国):IB-IIA期 83.7%[351]
(日本、2012-2017年):全期 79.8%[342]

### 報告されている遺伝子変異[78]
*CASP8、HER3、HLA-A、SHKBP1、TGFBR2*

### 予後推測のためのbiomarker
Squamous cell carcinomaの5-10%はHPV陰性で、予後不良とされる[347][411]。免疫染色でp16陰性の場合もHPV陰性が推定され、予後不良とされる[347]。

## Adenocarcinoma, HPV-associated

以前はusual typeと呼ばれていた。

### 5年生存率
(韓国):IB-IIA期 66.5%[351]
(日本、2012-2017年):全期 75.6%[342]

### 報告されている遺伝子変異[200][521]
*KRAS、PIK3CA、MET、RB1*

### 予後推測のためのbiomarker
*KRAS*に変異が入っている場合、予後不良との報告がある[200][521]。

## Adenocarcinoma, gastric type

HPVは関与しない(HPV-independent)[255]。

### 5年生存率
(日本):IB-IIB期 30%[245]

1 婦人科がんの病理

**報告されている遺伝子変異[154]**
*ARID1A、BRCA2、CDKN2A/B、MSH2、MSH6、POLE、SLX4、STK11、TP53*

# 1.5 その他のがんの病理学的特徴

## 子宮肉腫

子宮体部の肉腫は leiomyosarcoma(conventional leiomyosarcoma)、endometrial stromal sarcoma、undifferentiated sarcoma の3つが代表的である。しかし今後は免疫染色や遺伝子変異などによって細分類されるかもしれない(表 1-2)。これら細分類による予後や治療効果の違いは不明である。

**表 1-2 子宮肉腫の鑑別**

| 組織型 | 免疫染色の傾向 | 遺伝子変異の例 |
|---|---|---|
| Conventional leiomyosarcoma | Desmin+、ER+、PR+、p16+、h-caldesmon+ | TP53、ATRX |
| Epithelioid leiomyosarcoma | Desmin+、ER+、PR+、CD10−、cytokeratin+、EMA+ | PR fusion |
| Myxoid leiomyosarcoma | PLAG1+、BCOR+− | PLAG1 fusion、ALK fusion |
| High-grade endometrial stromal sarcoma | ER+−、PR+−、CD10+、BCOR+−、SMA+− | BCOR、ZC3H7B-BCOR fusion、YWHAE-NUTM2 fusion |
| Low-grade endometrial stromal sarcoma | ER+、PR+−、CD10+、β-catenin(核で50%程度)+、LEF1+ | JAZF1-SUZ12 fusion |
| Fibrosarcoma like | Desmin−、ER−、PR−、SMA+− | TPM3-NTRK1 fusion |
| Undifferentiated stromal sarcoma | 不明 | JAZF1-SUZ12 fusion、YWHAE-NUTM2 fusion |

([12][40][63][91][105][108][323][362][526]より作成)

## 神経内分泌腫瘍

神経内分泌腫瘍は身体のどこにでも発生しうる。Small cell neuroendocrine carcinoma と Large cell neuroendocrine carcinoma がある。婦人科臓器では子宮頸部での発生が最も多い[202]。子宮頸部の場合は HPV が関連している[80]。

## 卵巣胚細胞腫瘍

卵巣の胚細胞腫瘍より数が多い精巣の胚細胞性腫瘍では、IGCCC criteria

## 1 婦人科がんの病理

により予後が推測される[213]。Seminoma(卵巣のdysgerminomaに相当)の場合は、肺以外に転移を認めない場合をgood prognosis、肺以外に転移を認める場合をintermediate prognosisの2つに分類される。Non seminomaの場合は、AFP値、hCG値、LDH値、転移部位、原発が縦隔かどうかの5項目で評価し、good、intermediate、poor prognosisの3つに分類される。

IGCCC = International Germ Cell Consensus Classification Group。

卵巣の胚細胞腫瘍には、病理組織学的には例えば以下のようなものがある。

### Dysgerminoma

無増悪10年生存率(IA-IIIC期)は、90.8%である[501]。c-kitに変異が見られることがある[89]。

### Immature teratoma

疾病特異的5年生存率(アメリカ、1973-2012年)は、I-II期(G1-3)、III期(G1、G2)でいずれも99-100%である[83][475]。十分なデータはないが、III期G3とIV期はやや予後が悪い[83]。

### Yolk sac tumor

5年生存率(アメリカ)は、I期94.8%、II期97.1%、III期70.9%、IV期51.6%である[343]。

### Embryonal carcinoma、Mixed germ cell tumor

いずれも比較的稀であり、他の卵巣胚細胞腫瘍より予後は悪い[252][253]。

## 妊娠性絨毛性疾患

妊娠性絨毛性腫瘍は、化学療法が著効するため手術があまり行われない。したがって病理組織学的診断がつかないことがある。病理組織学的診断や、臨床進行期の代わりに用いられるのがWHO scoring systemである[56][345]。(1)年齢、(2)先行妊娠の種類、(3)先行妊娠からの期間、(4)治療前血中hCG、(5)腫瘍最大径、(6)転移部位、(7)転移個数、(8)すでに化学療法を行っているか、をscore化し、6点以下をlow riskとして単剤療法(MTXなど)を、7点以上をhigh riskとして多剤併用療法(EMA/COなど)を行う[56][345]。

## 1.5 その他のがんの病理学的特徴

妊娠性の絨毛性疾患や絨毛性腫瘍には、病理組織学的には例えば以下のようなものがある。

### Hydatidiform mole

ふたつの精子が一つの卵子に受精して発生する partial hydatidiform mole (PHM) と、diploid genome がいずれも父性由来でミトコンドリア DNA のみが母性由来である complete hydatidiform mole(CHM) がある[27]。免疫染色では、PHM は cytotrophoblast と絨毛間質細胞の核で p57kip が染色され、CHM では染色されない[27]。

p57kip をコードする遺伝子は *CDKNIC* である。*CDKNIC* は、genomic imprinting により父親の allele では発現せず、母親由来の allele でのみ発現する。このため、父性 allele しかない CHM では p57kip が染色されない。

### Invasive hydatidiform mole

Hydatitdiform mole(多くは complete hydatidiform mole)が、子宮筋層に浸潤している場合、invasive hydatidiform mole と呼ばれる[56][144]。腟など、子宮外にまで浸潤している場合には metastatic hydatidiform mole とも呼ばれる。

### Epithelioid trophoblastic tumor

先行する妊娠から数年後に、chorionic-type intermediate trophoblast から発生するとされる稀な悪性腫瘍である[441][541]。

### Placental site trophoblastic tumor

先行する妊娠から数カ月～数年後に、extravillous intermediate trophoblast から発生するとされる稀な悪性腫瘍である[541]。

### Gestational choriocarcinoma

先行する妊娠から数週間～数年後に異型絨毛細胞の増生する悪性腫瘍である[279]。先行する妊娠としては complete hydatidiform mole が 50%程度と最も多い[429]。正常妊娠の満期胎盤内に無症候性に発生したり、極めて稀に胎児に転移したりすることもある[434]。

1 婦人科がんの病理

## Mixed trophoblastic tumor

複数の妊娠性絨毛性悪性腫瘍が混在している、極めて稀な悪性腫瘍である[51]。

# 2 婦人科がんの遺伝子変異

## 2.1 Somatic mutations

### *ALK*、anaplastic lymphoma kinase

　ALKはreceptor tyrosine kinaseである。細胞増殖的に機能する。正常では胎生期の神経細胞で発現する[317]。肺の非小細胞癌の5%で*ALK*と他の遺伝子のfusionが見られる[376]。Inflammatory myoblastic tumorや[317][376]、子宮のmyxoid leiomyosarcomaでも*ALK*-fusionが見られることがある(「1.5 その他のがん-子宮肉腫」p.11参照)。
　LigandがALKに結合すると二量体化し、細胞増殖のシグナルを下流へと伝える[317]。*ALK*が他の遺伝子とfusionして異常なタンパクが発現するとligandなしで二量体化し、恒常的に増殖のシグナルを発生する。

### *ARID1A*、BAF250A、SMARCF1、AT-rich interactive domain-containing protein 1A

　ARID1AはSWI-SNF complexを形成し、クロマチンリモデリングに関与するため多彩な機能を有する[513]。腫瘍抑制的に機能する。卵巣clear cell carcinomaの40-62%で変異が見られ、endometrioid carcinomaの30%で変異が見られる[357][517]。子宮体癌でも変異が見られることがある[116]。子宮頚部のAdenocarcinoma(gastric type)でも変異が見られる[154]。
　子宮体部のundifferentiated/dedifferentiated carcinomaでは、*ARID1A*などのSWI-SNF complexの各因子の変異や発現消失が重要と見られている[93][305]。

### *ARID5B*、AT-rich interactive domain-containing protein 5B

　ARID5Bは小児の白血病の原因となりうる転写因子である[511]。名前は似ているが、ARID1Aとは機能が異なる。子宮体癌で変異の報告がある[76]。

### *ATRX*、alpha thalassemia/mental retardation syndrome X-linked protein

## 2.1 Somatic mutations

　ATRX は ATP 依存性 DNA helicase である[364]。ARID1A と同様に ATRX も SWI-SNF complex を形成し、クロマチンリモデリングや DNA methylation に関与する[364][430]。腫瘍抑制的に機能する。*ATRX* は、平滑筋肉腫で変異が見られることがある[526]。Zebrafish を用いた実験では、*TP53* と *ATRX* 両者の欠失が肉腫発生の原因となりうる[364]。

　伴性劣性遺伝と考えられている alpha thalassemia/mental retardation X-linked syndrome は *ATRX* の germline mutation によって生じる[430][161]。患者の核型は 46XY だが、外性器異常も生じ、性別の判定が困難なこともある[161]。

### *BCOR*、BCL-6 corepressor

　BCOR は BCL-6 に結合することで細胞増殖を制御している[65]。BCL-6 は細胞増殖的に機能する転写因子である。子宮肉腫で *BCOR* に変異が見られることがある(「1.5 その他のがん-子宮肉腫」p.11 参照)。

### *BRCA1/2*、breast cancer susceptibility gene1/2

　*BRCA1* も *BRCA2* も DNA2 本鎖の損傷を相同組換えで修復する(図 4-1)。機能は似ているが BRCA1 と BRCA2 のアミノ酸配列に相同性(類似性)はない。

　卵巣癌の 15%程度が *BRCA1/2* の somatic mutation を有し[478][536]、13-17%程度が germline mutation を有する(「2.2 Germline mutations-Hereditary breast and ovarian cancer(HBOC)syndrome」p.30 参照)。

　子宮頚部の Adenocarcinoma(gastric type)でも *BRCA2* の変異の報告がある[154]。

## 2 婦人科がんの遺伝子変異

### *CASP8*、CASPASE-8

CASPASE-8 は、細胞死(apoptosis)のシグナル伝達因子であり、腫瘍抑制的に機能する[491]。変異により細胞が不死化する。頭頚部の扁平上皮癌では最も高頻度に変異を認める遺伝子である[491]。子宮頚部の扁平上皮癌でも変異が見られたとの報告がある[78]。

**図 2-1 TNF/CASPASE-8 による apoptosis**

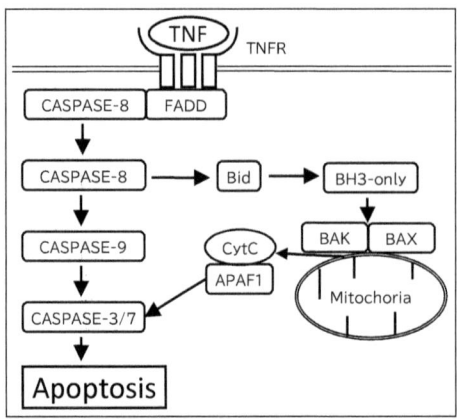

がん細胞は免疫細胞によって自殺(apoptosis)させられることがある(図 2-1)[304][171]。免疫細胞の産生する TNF(tumor necrosis factor)や、Fas ligand といった ligand が、TNFR などの細胞膜表面のレセプターに結合すると、レセプターは3量体化し、活性化される。活性化されたレセプターは、その細胞質ドメインに結合している FADD などに CASPASE-8 をリクルートする。CASPASE-8 はその protease 活性により自己活性化し、「death signal」を CASPASE-9、CASPASE-3/7 へと伝達する。CASPASE-3/7 は「死刑執行人(executioner)」と呼ばれる protease であり、数百〜数千とも言われるタンパクを分解し、細胞を死(apoptosis)へと至らしめる。

CASPASE-8 からの death signal にはもうひとつ経路がある。活性化された CASPASE-8 は、Bid を活性化し、Bid は BH3-only protein を活性化する。BH3-only protein は、ミトコンドリア外膜上にある BAK/BAX を刺激し、膜透過性を亢進させ、Cytochrome c(CytC)を放出させる。Cytochrome c は APAF1 と結合し、死刑執行人である CASPASE-3/7 を活性化する。

### *CCNE1*、cyclin E1

Cyclin E は細胞周期調節因子であり、細胞増殖的に作用する[158]。卵巣の high-grade serous carcinoma で増幅が見られたとの報告がある[169]。子宮

## 2.1 Somatic mutations

体部の serous carcinoma で変異や増幅が見られたとの報告がある[139]。

**図 2-2 Cyclin による G1/S 期の調節**

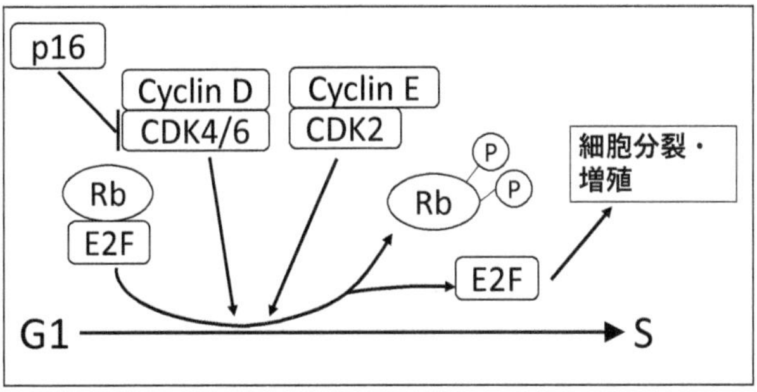

細胞が増殖するためには、休止状態にある G0/G1 期から、DNA を合成する S 期に移行する必要がある(図 2-2)。S 期で決定的な役割を果たすのは転写因子 E2F である。腫瘍抑制因子 Rb は、G0/G1 期で E2F に結合して抑制している。Cycline/CDK 複合体は、Rb をリン酸化することにより Rb と E2F の結合を解消し、E2F を活性化する[158]。

### *CDK12*、CYCLIN-DEPENDENT KINASE 12

CDK12 は転写因子でありながら cyclin-dependent kinase ドメインを有するユニークな kinase である[173][505]。細胞増殖的に機能する。卵巣 high-grade serous carcinoma で変異があったとの報告があり[77]、治療のターゲットとしても期待されている[505]。

### *CDKN2A*、p16、INK4a

p16 は極めて重要な腫瘍抑制因子である。卵巣癌や子宮体癌の組織学的鑑別の補助に免疫染色が用いられる(「1.1 卵巣癌と子宮体癌の免疫染色の傾向」p.2 参照)。また、HPV 感染細胞で発現が亢進する。このため、p16 免疫染色は、HPV 感染の surrogate marker として用いられ、子宮頚部の squamous intraepithelial lesion の補助的診断に使われる[334]。中咽頭癌では、HPV 感染の有無で治療効果が異なるため、p16 が染色されるかどうかで TNM 分類が変わる[25]。

子宮頚部 squamous cell carcinoma、子宮頚部 adenocarcinoma(gastric type)、卵巣 low-grade serous carcinoma で *CDKN2A* に変異があったとの報告がある[154][206][537]。

## 2 婦人科がんの遺伝子変異

**図 2-3 HPV 感染細胞では p16 の発現が亢進する**

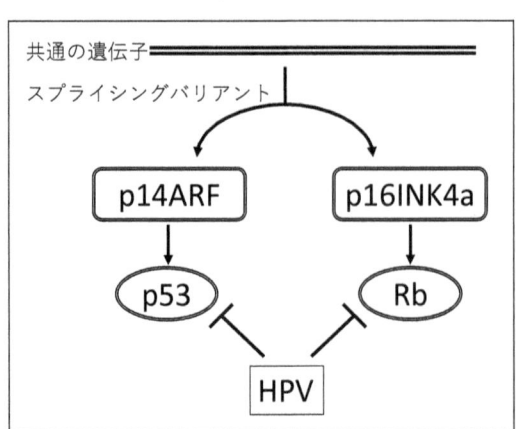

　HPV 感染細胞で p16 の発現が亢進するのは、下流で Rb が抑制されるためである（図 2-3）。p16 は CDK4/6 を抑制することにより、Rb に対して促進的に作用している（図 2-3、図 2-2）。Rb も極めて重要な腫瘍抑制因子である[158][242]。染色体 9p21 に位置する遺伝子 *CDKN2A* からは、p16 と p14ARF（マウスでは p19ARF）が exon2, 3 を共有する splicing variant として発現する[242]。p16 は Rb に促進的に働き、p14ARF は腫瘍抑制因子 p53 に促進的に作用する。HPV は、そのウィルスタンパク E6 で p53 を抑制し、E7 で Rb を抑制する[532]。そのため、HPV 感染細胞では、これらの上流にある p16 と p14ARF の発現が negative feedback のように亢進すると考えられる[226][334]。

### *CDKN2B*、p15、INK4b

　*CDKN2B* は染色体 9p21 で *CDKN2A* の近傍にあり、その産物 p15 は p16 と同様の機能を有する[242]。
　子宮頸部 squamous cell carcinoma[537]、子宮頸部 adenocarcinoma (gastric type)[154]、卵巣 low-grade serous carcinoma[206]で *CDKN2A* に変異があったとの報告がある。

### *CSMD3*、CUB And Sushi Multiple Domains 3

　CSMD3 は正常では脳に発現する。機能はあまりよくわかっていない。卵巣の high-grade serous carcinoma で変異が見られることがある[77]。
　ドメイン名の Sushi は「寿司」に由来する[210]。ドメイン構造を図に描いてみると寿司に似ている[210]。

## 2.1 Somatic mutations

### *CTNNB1*、β-catenin

β-catenin は発生の過程で重要な役割を果たす[353]。変異により恒常的に活性化して細胞を癌化させる。活性化していなければ免疫染色で細胞質が染まり、活性化していると核が染まる[481]。子宮体部の endometrioid carcinoma[76][136]や undifferentiated/dedifferentiated carcinoma[250]で *CTNNB1* の変異が報告されている。卵巣の endometrioid carcinoma でも変異の報告がある[151]。

**図 2-4 WNT/APC/β-catenin シグナル伝達系**

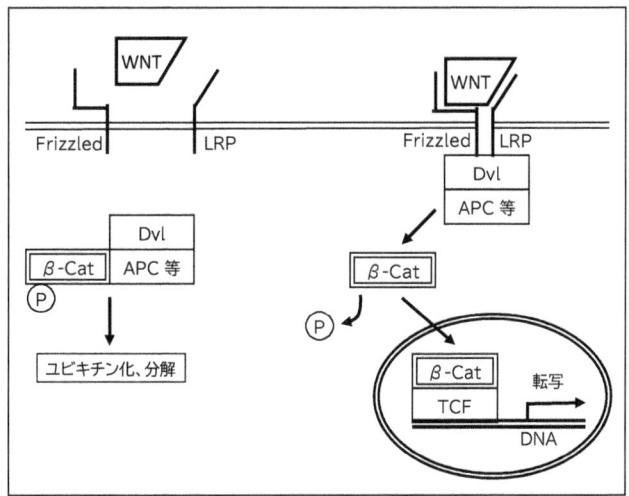

通常は細胞質にあってリン酸化されているβ-catenin(β-cat)は腫瘍抑制因子である APC や Axin などと巨大で複雑な複合体を形成しており、やがてユビキチン化されて分解される(図 2-4 左)[136][353]。しかし、細胞表面で Wnt が ligand としてレセプター(Frizzled と LRP のヘテロ 2 量体)に結合すると、複合体は細胞膜でこのシグナルを受けとり、β-catenin が遊離し、核に移行する(図 2-4 右)。核に移行したβ-catenin は TCF などと転写複合体を形成して細胞の分化や増殖に必要な因子の転写をうながす[136][353]。

### *EIF1AX*、eIF1A

eIF1A は、真核生物翻訳開始因子(eukaryotic initiation factor、eIF)である。細胞増殖的に機能する。リン酸化により活性化され、脱リン酸化されると活性を失う[386]。甲状腺癌で変異が見られることが知られている[125]。卵巣の low-grade serous carcinoma でも変異が見られたとの報告がある[206]。

## 2 婦人科がんの遺伝子変異

### FAT3

　　FAT3 は Cadherin superfamily member の巨大分子であり、細胞接着をつかさどる[229][538]。腫瘍抑制的に働く。卵巣の high-grade serous carcinoma で変異が見られたとの報告がある[77]。

### FBXW7

　　FBXW7 は F-box family protein であり、SCF(SKP1-cullin-F-box)と呼ばれる複合体を形成してユビキチンリガーゼを構成する[543]。腫瘍抑制的に機能する。p53 により転写が誘導される。Cyclin E や c-Myc などの細胞増殖を促進する因子をユビキチン化して分解する[543]。
　　子宮体部の carcinosarcoma での変異は重要と見られている[90][302][306]。他にも子宮体部の serous carcinoma[107]、clear cell carcinoma[116]、undifferentiated/dedifferentiated carcinoma[250]でも変異が報告されている。

### HER2、ERBB2、neu

　　HER2 は receptor tyrosine kinase であり、EGF(epiermal growth factor)を ligand とする[222]。細胞増殖的に機能する。遺伝子の変異も見られるが、それより重要なのは増幅(gene amplification)である。乳癌や胃癌では HER2 の免疫染色に加え、in situ hybridization で HER2 増幅を調べることが治療方針決定に必要である[104][421]。
　　卵巣の high-grade serous carcinoma、clear cell carcinoma、mucinous carcinoma で HER2 増幅が見られたとの報告がある[263]。子宮体部の serous carcinoma で HER2 増幅が見られる場合は予後不良との報告がある[139]。
　　卵巣の low-grade serous carcinoma[537]、mucinous carcinoma[287]、子宮の serous carcinoma[64][107]では変異が見られたとの報告がある。子宮頸部の squamous cell carcinoma では、HER2 family である HER3 の変異が見られたとの報告がある[78]。

### c-kit、KIT

　　KIT は receptor tyrosine kinase である[4]。細胞増殖的に機能する。Stem cell factor(SCF、以前は c-kit ligand と呼ばれていた)を ligand とする。GIST(gastrointestinal stromal tumor)で c-kit 変異が見られ、免疫染色で KIT 陽性となる。
　　卵巣の dysgerminoma でも変異が報告されている[89]。

2.1 Somatic mutations

### *KMT2B*、MLL2

　　KMT2B(MLL2)はHistone H3、lysine 4 methyltransferaseである[84][527]。ヒストン修飾により転写を調節する。
　　卵巣[391]や子宮体部[107]のendometrioid carcinomaで変異があったとの報告がある。

### *MET*、c-Met

　　METはreceptor tyrosine kinaseであり、主たるligandはHGF(hepatocyto growth factor)である[533]。細胞増殖的に機能する。METもHGFも正常な卵巣顆粒膜細胞[257]や子宮内膜間質細胞[271]でも発現している。
　　子宮頚部のadenocarcinoma(HPV-associated)で変異が報告されている[200]。卵巣のclear cell carcinomaで増幅(gene amplification)が報告されている[524]。

### Microsatellite instability (MSI)

　　DNAミスマッチ修復遺伝子である*MSH2*、*MSH6*、*MLH1*、*PMS2*などに変異が入ると、microsatellite instability(MSI)-highまたはhyper-mutationと呼ばれる状態になる[48][59][119][261]。DNAが不安定な状態であり、癌化しやすくなる。子宮体部のundifferentiated/dedifferentiated carcinomaの44%でDNAミスマッチ修復遺伝子変異を認める[480]。子宮頚部adenocarcinoma(gastric type)で*MSH2*、*MSH6*のsomatic mutationが報告されている[154]。また、卵巣癌や子宮体癌でMSI-highが報告されている[293]。
　　マイクロサテライト(microsatellite)とはDNA塩基数個の単調な繰り返し配列のことである。非翻訳領域にあることが多く、DNA複製時に頻繁にミスマッチによる配列のエラーが発生する。この領域でミスマッチが修復されているかいないかを調べることによってミスマッチ修復機構の破綻の有無を間接的に調べることができる。マイクロサテライト領域でミスマッチが蓄積している状態をマイクロサテライト不安定性(Microsatellite instability = MSI)という。変異蓄積が高度な場合をMSI-highと呼び、ミスマッチ修復機構が破綻していると判断される。もしもミスマッチ修復機構が破綻していればDNAの変異が修復されずに癌化の原因となりうる。
　　正常組織とがん組織を比較し、正常組織のマイクロサテライトにはミスマッチが蓄積しておらず、がん組織でのみMSI-highであれば、somatic mutationによるミスマッチ修復機構の破綻だと判断される。Lynch症候群の患者は、DNAミスマッチ修復遺伝子のgermline mutationが生じている。(「2.2 Germline mutations-Lynch syndrome」p.31参照)。

### *NF1*、neurofibromin

NF1はRas-GAPの1種であり、腫瘍抑制的に機能する[468]。正常では神経細胞に発現する。卵巣のhigh-grade serous carcinomaで変異が報告されている[77]。NF1のgermline mutationは常染色体優性遺伝のneurofibomatosis type 1である[468]。von Recklinghausen病とも呼ばれる。

**図 2-5 Rasの活性化・不活化**

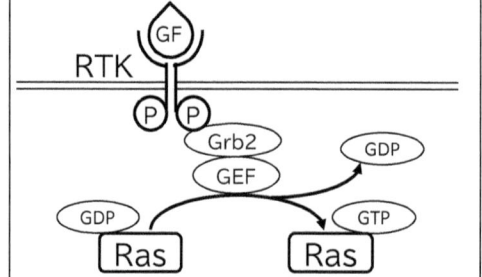

Receptor tyrosine kinase(RTK)に増殖因子(GF)が結合すると、その細胞質ドメインはリン酸化され、Grb2を介し、SOSなどのguanine nucleotide exchange factor(GEF)が結合する(図 2-5)[142][399]。非活性型Rasに結合しているGDPをGTPにGEFは取り換え、Rasを活性型にする。逆にNF1などのRas-GAP(GTPase-activating protein)は、RasのGTPase活性を促進し、GTPをGDPに加水分解してRasを非活性型にする[399][468]。

活性型のRasはeffectorをリン酸化して細胞を増殖させる(図 2-6)。

### *PIK3CA*

PIK3CAは、PI3Kの触媒サブユニットであり、細胞増殖的に作用する[142]。卵巣のclear cell carcinomaの33-51%で変異が見られる[60][236][335][396]。他に卵巣のendometrioid carcinoma[60][391][396]、子宮体部のendometrioid carcinoma[107]、serous carcinoma[107]、clear cell carcinoma[116]、carcinosarcoma[90][302][306]、undifferentiated/dedifferentiated carcinoma[250]、子宮頚部のadenocarcinoma(HPV-associated)[200][521]でも変異が報告されている。子

宮体部の serous carcinoma では変異や増幅が見られたとの報告がある[139]。

### 図 2-6 Ras のふたつの effector

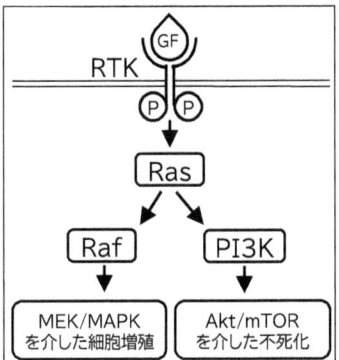

Receptor tyrosine kinase(RTK)に増殖因子(GF)が結合すると、Ras が活性化される(図 2-6)[142][204][399][440]。活性化された Ras は、主として RAF と PI3K のふたつの effector にシグナルを伝える(PI3K は Ras を介さずに活性化される pathway もある[142])。RAF は MEK/MAPK pathway により、PI3K は Akt/mTOR pathway によりシグナルを下流へ伝え、細胞を増殖させたり不死化させたりする。

### *PIK3R1*

PIK3R1 は、PI3K(図 2-6)のサブユニットである。卵巣の endometrioid carcinoma[391]、子宮体部の clear cell carcinoma[116]、carcinosarcoma[306]で変異が報告されている。

### *PLAG1、pleomorphic adenoma gene1*

PLAG1 は、転写因子あるいは転写調節因子と考えられている[205]。軟部組織腫瘍で fusion が見られることがある(「1.5 その他のがん-子宮肉腫」p.11 参照)。

### *POLE*

POLE は DNA polymerase epsilon の catalytic subunit である[344]。DNA 複製時のミスマッチは、MSH などの DNA ミスマッチ修復因子や、DNA polymerase (epsilon/delta)の exonuclease 活性により修復される。DNA ミスマッチ修復遺伝子(*MSH*など)に変異が入っている場合と同様、*POLE* の exonuclease 領域に変

異が入っている場合もDNAの変異が蓄積し(ultra-mutationと呼ばれる)、がん化の原因となる[344]。

子宮体部のendometrioid carcinomaでの変異は重要と考えられている[76][403][482][498]。他に子宮体部のclear cell carcinoma[116]やundifferentiated/dedifferentiated carcinoma[132]、子宮頸部のadenocarcinoma(gastric type)[154]でも変異が見られたとの報告がある。

### *PPP2R1A*

PPP2R1AはProtein phosphatase 2A(PP2A)のサブユニットである[409]。PP2Aはserine/threonine phosphataseであり、腫瘍抑制的に働く[58]。子宮体部のserous carcinomaでの変異は重要と見られている[46][107][139][386][409]。他にも卵巣のclear cell carcinoma[335]、子宮体部のclear cell carcinoma[116]、carcinosarcoma[90][306]、undifferentiated/dedifferentiated carcinoma[250]でも変異が見られたとの報告がある。

Receptor tyrosine kinaseを起点とする細胞増殖は、RAF/MAPKやPI3K/mTORのリン酸化カスケードによってシグナルが伝達される(図2-6)。したがって脱リン酸化酵素であるPP2Aはこれらのpathwayに対して抑制的に働く[58][386]。その他にもWNT pathway(図2-4)、G2/M期細胞周期調節系、翻訳開始因子(eIF1A)など細胞増殖にリン酸化が必要な系統では脱リン酸化酵素であるPP2Aは抑制的に機能する[58][386][409]。

### *PTEN*

PTENはPIP3を脱リン酸化してPIP2にするphosphataseである[204][440]。腫瘍抑制的に働く。

子宮体部のendometrioid carcinomaでの変異は重要と考えられている[76][107][404]。他に卵巣のendometrioid carcinoma[391]、clear cell carcinoma[236]、子宮体部のserous carcinoma[107]、carcinosarcoma[90][306]でも変異が報告されている。

Germline mutationはCowden syndromeなどの*PTEN* hamartoma tumor syndrome (PHTS)の原因となる(「2.2 Germline mutations-Cowden syndrome」p.30参照)。

**図 2-7 PTEN は PI3K に拮抗する**

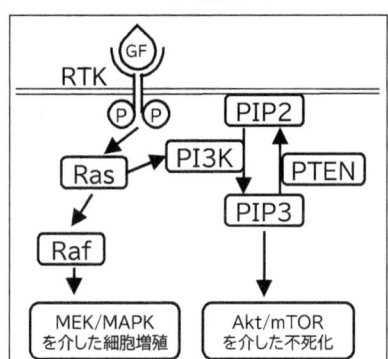

　増殖因子(GF)→Receptor tyrosine kinase(RTK)→Ras→PI3K の順に増殖シグナルが伝達されると、活性化した PI3K は PIP2 をリン酸化して PIP3 とする（図 2-7、図 2-6)[142][204][399][440]。PIP3 は Akt/mTOR pathway によりシグナルを下流へ伝え、細胞を不死化させる。PTEN は、PIP3 を脱リン酸化し、PIP2 に戻す。

## *RAF*

　RAF は serine/threonine kinase であり、細胞増殖的に機能する[114]。BRAF、RAF1 のサブタイプがある。悪性黒色腫の 40-50%で変異が見られる[114][366]。卵巣の low-grade serous carcinoma の 5%で BRAF$^{V600E}$ または BRAF$^{V600K}$ 変異が見られる[206][537]。

　RAF は Receptor tyrosine kinase(RTK)→RAS→RAF→MEK→MAPK→細胞増殖というシグナル伝達メンバーの重要な一員である（図 2-6、図 2-7)。RAF より下流で増殖シグナルを伝達する MEK を標的とした分子標的薬である Selumetinib の、卵巣の low-grade serous carcinoma に対する奏効率は 15.4%であった[135]。

## *RAS*

　RAS は low-molecular weight GTPase であり、極めて重要な proto-oncogene である（図 2-5、図 2-6、図 2-7)。数多くのサブタイプが知られているが、proto-oncogene として重要なのは H-RAS、N-RAS、K-RAS の 3 つである。

　卵巣の low-grade serous carcinoma[206][537]、endometrioid carcinoma[60]、clear cell carcinoma[60][236][335]、mucinous carcinoma[287]、子宮体部の clear cell carcinoma[116]、carcinosarcoma[306]、子宮頸部の adenocarcinoma(HPV-associated)[200][521]で *RAS* の変異が見られたとの報告がある。

### *RB1*、Rb

Rb は細胞周期の G0/G1→S 期に決定的な役割を果たす腫瘍抑制因子である（図 2-2）。

卵巣の high-grade serous carcinoma[77]、子宮頚部の adenocarcinoma (HPV-associated)[200]で変異が見られたとの報告がある。

常染色体優性遺伝の遺伝性網膜芽細胞腫は、*RB1* の germline mutation による[8]。小児期に網膜芽細胞腫を発症する。後に肉腫などの他の悪性腫瘍発生のリスクもある。

### *SHKBP1*

SHKBP1 の機能はほとんどわかっていない。miR(micro RNA)を抑制し、血管新生を促進している可能性がある[185]。子宮頚部の squamous cell carcinoma で変異が見られたとの報告がある[78]。

### *SLX4*、FANCP、BTBD12

*SLX4* は Fanconi 貧血の原因遺伝子とされる[238]。腫瘍抑制的に働くが、詳しい機能はわかっていない。数多くのタンパクと結合する。ゲノムのメンテナンスに必要だと考えられている[238]。子宮頚部の adenocarcinoma(gastric type)で変異が報告されている[154]。

### *SPOP*

SPOP は cullin-RING ユビキチンリガーゼ構成タンパクのひとつであり、腫瘍抑制的働く(腎癌では細胞増殖的に働いているという説もある)[450]。子宮体部の clear cell carcinoma で変異が報告されている[116]。

### *STK11*、LKB1

STK11 は serine/threonine kinase であり、腫瘍抑制的に機能する[248][519]。AMPK のリン酸化を介して mTOR を抑制する。mTOR は Ras/PI3K pathway における重要な細胞増殖シグナル伝達因子である（図 2-6、図 2-7）。子宮頚部の adenocarcinoma(gastric type)で *STK11* の変異が報告されている[154]。Germline mutation は Peutz-Jeghers syndrome と呼ばれる(「2.2 Germline mutations-Peutz-Jeghers syndrome (PJS)」p.31 参照)。

## 2.1 Somatic mutations

### *TGFBR2*

　TGFBR2 は TGFβ の receptor である[276]。細胞増殖的に機能する。子宮頚部の squamous cell carcinoma で変異が見られたとの報告がある[78]。
　TGFβ は、細胞外で matrix metalloproteinase（MMP）で分解されることで活性化される。そのため、MMP を豊富に分泌するがん細胞では TGFβ が活性化されやすいと考えられている[276]。TGFβ が、receptor に結合すると、細胞内で Smad がリン酸化されて複合体を形成する。複合体となった Smad は核へ移行し、DNA の転写を促進する。

### *TP53*、p53

　*TP53* はがんで最も変異が多くみつかる腫瘍抑制遺伝子である[265]。全てのがんのうち 50%で *TP53* に変異が見られ、残りの 50%も MDM2 に抑制されるなどにより 100%のがんで p53 の不活化が関与しているとされる[192]。p53 の機能はDNA の保護であり、「ゲノムの番人（Guardian of the Genome）」と呼ばれる[113][192]。Germline mutation は Li-Fraumeni syndrome の原因となる（「2.2 Germline mutations-Li-Fraumeni syndrome(LFS)」p.30 参照）。
　p53 は転写因子であり、DNA 損傷のストレスが加わると、細胞周期を停止させる因子群や DNA 損傷を修復させる因子群などを転写する。DNA 損傷が激しい場合は細胞死（apoptosis）を誘導する因子を転写してがん化を阻止する[52][192]。
　*TP53* 変異の結果、p53 の免疫染色が異常になる場合を p53 aberrant expression または p53 mutant pattern と呼ぶ[531]。抗原基が消失することによって全く染まらない（p53 null）か、p53 の機能が低下・消失することによる過剰発現（p53 diffuse）のどちらかとなる。正常な染色パターンは wild type と呼ばれる。

### *USP9X*

　USP9X は脱ユビキチン化酵素である[278][422]。細胞増殖的に機能すると考えられる[422]。詳しい機能はよくわかっていないが、脱ユビキチン化のターゲットとして BRCA1[278]や、TGFβ シグナル伝達系の Smad[422]が報告されている。
　卵巣の low-grade serous carcinoma で変異の報告がある[206]。

## 2.2 Germline mutations

がん遺伝子や腫瘍抑制遺伝子に単独の germline mutation があり、遺伝性に腫瘍が発生している場合、hereditary neoplastic syndrome と呼ばれる。婦人科腫瘍に関係が深いものには以下のようなものがある。

### Cowden syndrome

*PTEN* の germline mutation を原因とする常染色体優性遺伝性疾患である。一般集団の 200,000 人にひとりが *PTEN* の germline mutation を有すると推定されている[346]。PTEN の germline mutation がある場合、様々な表現型をとり、全てあわせて *PTEN* hamartoma tumor syndrome (PHTS) と呼ばれる。Cowden syndrome は PHTS のひとつである[530]。Cowden syndrome の生涯の子宮体癌発症リスクは 28%である[346]。他に、乳癌の発症リスク 85%、甲状腺癌 35%、腎癌 34%となっている[346][530]。また、全身に良性過誤腫を発症する。巨頭症、自閉症、皮膚疾患を合併することもある[346]。

### Hereditary breast and ovarian cancer (HBOC) syndrome

*BRCA1/2* の germline mutation を多くの場合に原因とする常染色体優性遺伝性腫瘍性疾患である。一般集団の 400 人にひとりがこの変異を有すると推定されている[6]。卵巣癌の 13-17%程度が *BRCA1/2* の germline mutation を原因とする[478][536]。卵巣癌を 80 歳までに発症するリスクは *BRCA1* の germline mutation がある場合は 44%であり、*BRCA2* の場合は 17%である[249]。また、乳癌を 80 歳までに発症するリスクは *BRCA1* 変異の場合は 72%であり、*BRCA2* 変異の場合は 69%である[249]。

既往歴と家族歴から *BRCA1* または *BRCA2* のどちらかに病的変異が入っている確率を予測するモデルとしては、Myriad Mutation Prevalence Table が便利である[338]。

BRCA1/2-associated HBOC syndrome 以外の HBOC も存在する。たとえば、*TP53* の germline mutation があると、通常は肉腫を含む様々な悪性腫瘍が発生し、Li-Fraumeni syndrome(LFS)と呼ばれる。しかし、様々ながんのうち、とくに乳癌と卵巣癌が発生した場合は、LFS ではなく HBOC として認識される[175]。

### Li-Fraumeni syndrome (LFS)

*TP53* の germline mutation を原因とする常染色体優性遺伝性腫瘍性疾患で

2.2 Germline mutations

ある。LFS はまれとされるが、一般集団の 5,000 人から 20,000 人にひとりが *TP53* の germline mutation を有すると推定されており、意外と多い[113]。歴史的には LFS はその原因遺伝子が *TP53* の変異であることがわかる前に発見された syndrome であるため[268][269]、症状や家族歴から LFS と診断されても *TP53* 変異を認めない場合もある。あらゆる類の悪性腫瘍が発生し、女性の場合は 31 歳までに 50%でなんらかの悪性腫瘍が発生し、70 歳までに 100%で悪性腫瘍が発生する[289]。*TP53* の germline mutation があっても表現型が LFS とならず Hereditary breast and ovarian cancer(HBOC) syndrome となることもある[175]。頻度は少ないが子宮体癌も発症する[214]。

## Lynch syndrome

以前は hereditary non-polyposis colorectal cancer(HNPCC)と呼ばれていた。DNA ミスマッチ修復遺伝子異常の常染色体優性遺伝性腫瘍性疾患である。DNA ミスマッチ修復遺伝子としては *MSH2*、*MSH6*、*MLH1*、*PMS2* などが知られている。一般集団の 1.6%がこれらの変異を有すると推定されている[535]。子宮体癌を 70 歳までに発症するリスクは 43%であり、卵巣癌は 9%であり、大腸癌は 78%である[3]。胃癌、尿路上皮癌、胆嚢癌、中枢神経腫瘍の発症リスクもある[3]。

Lynch syndrome による癌は、免疫染色で MSH2、MSH6、MLH1、PMS2 のどれかが染色されない[31][502]。また、MSI-high となる傾向がある[502]。

BRAF$^{V600E}$ 変異があると、*MLH1* は変異がなくともメチル化により発現しなくなり、免疫染色で MLH1 陰性となる[502]。BRAF$^{V600E}$ 変異は免疫染色でも認識できる[487]。

## Peutz-Jeghers syndrome (PJS)

*STK11(LKB1)* の germline mutation を原因とする常染色体優性遺伝性疾患である。一般集団の 25,000 人から 300,000 人にひとりが PJS だと推定されている[519]。生涯になんらかの癌を発症するリスクは 55-85%である[507]。婦人科がんの発症リスクは 50 歳までに 18%である[308]。とくに、子宮頸部の Adenocarcinoma(gastric type)や、卵巣の mucinous carcinoma が発生する。

食道を除く全消化管の過誤腫性ポリポーシスや、口唇、口腔、指尖部などの皮膚、粘膜の pigmentation を生じる[519]。

## 2 婦人科がんの遺伝子変異

# 3 臨床試験

# 3.1 臨床試験の読み方

### 世界初の controlled trial

　ランダム化されてはいなかったが、対照群を置いた世界初の controlled trial はスコットランド出身の外科医 James Lind(1716-1794) が行ったとされる [30]。Lind の時代、すなわち大航海時代の壊血病の治療は、医師の経験と直感に頼られていた。Lind はその状況の打破を試みた。

　壊血病は長期間の vitamin C 不足によって結合組織が劣化して生じる。歯茎がひどく腫脹して出血し、ものを食べられなくなる。さらに体中で出血し、死に至る。この病気についての最初の記載は、紀元前 1500 年頃に書かれた Ebers Papyrus に見られる[288]。そして治療法としてはタマネギや野菜を多く食べることとされていた。しかし古代エジプトで行われていたこの適切な治療法は長らく忘れ去られ、偏った食事で数カ月航海しなければならなかった大航海時代のヨーロッパの船乗りたちは絶えず壊血病に脅かされることになる。

　Lind は他の条件ができるだけ同じ壊血病患者 12 名を選び、これを 2 名ずつの 6 群に分けて当時の様々な治療法を比較してみることにした。第 1 群にはシードル(リンゴ酒)を毎日 1 クォート(946 ml)飲ませ、第 2 群には elixir of vitriol(硫酸塩をアルコールに溶解したもの)25 滴を 1 日 3 回飲ませ、第 3 群にはスプーン 2 杯の生姜を 1 日 3 回食べさせ、第 4 群には 1 日 0.5 パイント(284 ml)の海水を飲ませ、第 5 群にはナツメグほどの大きさの下剤を 1 日 3 回服用させ、そして第 6 群には毎日オレンジ 2 個とレモン 1 個を食べさせた[30]。他の食事や休む場所は全て同じとした。その結果、第 6 群(オレンジとレモン)のふたりのうちのひとりだけが、壊血病から回復したのだ。

　Lind はこの臨床試験結果を 6 年かけて「A Treatise of the Scurvy」という著書にまとめたが、あまりに大著すぎてわかりにくかったこともあり、長い航海には柑橘類が欠かせないというシンプルな結論が一般に受け入れられるようになるまでさらに数十年を要した[30][288]。

## 3.1.1 臨床試験の諸問題

### 理想的な臨床試験を行うのは困難

　A群とB群を比較する理想的な臨床試験は、有意差を得るのに妥当なサンプルサイズ(n)をあらかじめ決めてランダムに患者を集め、以降は研究者は煩悩から解き放たれて無心に治療し、ふと気づいたらデータ(x)を得たので統計的に解析する、というものである。理想的な臨床試験を行おうとする研究者の努力には頭が下がる。だが、実際には研究者がいくら努力しても人間性を完全に切り捨てた記号のようにはなりきれず、以下のようになってしまってはいないだろうか。以下の例1と例2では、結果的にnの数が同じで、治癒した患者の数が同じでも、検定結果($p$値)は異なる。想定している分布が異なるからである。

　例1：研究期間が限られている場合。例えば、20XX年から20YY年までにH病院、I病院、J病院で目標サンプルサイズ(n)を超えるまで患者を集めて解析する。この場合、xの分布だけでなく、本当はnの分布も解析に含めなければならない(この場合のnはカテゴリカル分布に従う)。

　例2：あらかじめ決めた差が生じたら、その時点で臨床試験を中止することを決めている場合。この場合はA群とB群を比較するのと同時に、A群とB群で差が出るnの数をも調べることになってしまうため、やはりnの分布を解析の対象に含めなければならない(この場合のnは負の2項分布に従う)。

　以下のような多重比較問題もある。多重比較問題が発生しているかどうかは論文の読者は滅多に知ることができない。

　例3：研究者が煩悩から解脱できていない場合。「A群とB群で差が出てきたようだな。ちょっと平均を比較してみるか。あ、やっぱり差がある。よーし、この調子で最後まで頑張ろう」などという積極的な研究者がグループの中にいると、多重比較の問題が発生してしまう。多重比較時の$p$値の補正の方法はある(ボンフェローニ法など)。しかし、非常に厳密に言えば、研究者が頭の中でちょっと平均を計算して比較してみても多重比較問題が発生してしまう。研究者が煩悩から解脱しているかどうかを調べることは不可能である。言うまでもなく中間報告を行うだの、研究費取得先へ進捗状況を報告するだのということは行わない方がよい。しかしそんな強心臓の持主は研究者にはたぶんいない。

### 臨床試験の帰無仮説はわかりにくい

　臨床試験のほとんどは、統計的に有意であったかどうか($p < 0.05$かどうか)を調べることを目標としている。有意性検定で有意とされた場合にはその結論を受け入れればよい。しかし、有意とされなかった場合、帰無仮説が正しいわけでも対立仮説が正しくないわけでもない。全く何もわからない、というのが結論である。A = Bを帰無仮説としてそれが棄却できなかったからと言って、AとBが同等と言うことも、差がないということも、差があるということもできない。多大な資金

と労力をつぎ込んだ結果が「何もわからなかった」ではあまりにも無情だから、ad-hoc 解析やサブグループ解析で研究の意義を後付けで見出そうという努力がなされるのかもしれない。

## 統計学的有意でも臨床的意義が乏しいこともある

統計学的に「有意」であっても、臨床上の意義は小さいと判断されることもある。

化学療法の前治療歴を有さない HER-2 陰性転移性乳癌に対し、PTX との併用において 2007 年にアメリカの FDA(Food and Drug Administration)によって迅速承認された Bev であったが、2011 年にその承認が取り消された[427]。当初、Bev 使用承認の根拠となったのは、第 3 相臨床試験の E2100 試験[313]である。それによれば、PFS 中央値は PTX 単剤群で 5.8 カ月であったのに対し、PTX + Bev 群では 11.3 カ月と後者で著明に延長されていた(その差 5.5 カ月)。しかし、その後に行われた第 3 相臨床試験の AVADO 試験(学会発表しか行われていない。サブグループ解析だけ論文となっている[395])では DTX 単剤群の PFS 中央値が 8.8 カ月、DTX + Bev 群は 7.9 カ月(その差 0.9 カ月)と、統計学的には「有意」であったが、差は小さかった。また、第 3 相臨床試験の RIBBON 1 試験[410]でも、統計学的には「有意」であったが、Bev の上乗せ効果はわずかであった。いずれの試験でも grade 3-5 の有害事象は Bev を追加することで有意かつ著明に増えた。この結果を踏まえ、FDA は迅速承認した Bev の使用を取り消した[427]。ちなみに日本の Bev 添付文書には E2100 試験の結果のみが記載されており、転移性乳癌に対して Bev を使用することができる[38]。

## 臨床試験の未来

科学の世界では有意性検定を完全に廃止しようという動きもある[17]。これまでの有意性検定では、サンプルサイズを大きくしすぎてしまうと、(臨床的に意味があまりなくとも)有意となってしまうため、あらかじめ理想的な n を決めて固定し、それ以上に増やしても減らしてもならなかった。しかし、サンプルサイズを大きくしてもよい、という統計学的アプローチもある。ベイズ統計学である。しかも、ベイズ統計学では帰無仮説だの p 値だのという難解な概念も不要であり、多重比較問題も発生しない。FDA は、臨床試験を行う時のベイズ統計学適用のガイダンスを発表している[358]。

## 3.1.2 　優越性、非劣性、同等性

### 優越性試験

　ランダムに分けられた A 群と B 群を比較する優越性試験の帰無仮説と対立仮説は以下である。

```
帰無仮説： A ＝ B
対立仮説： A ＞ B または A ＜ B
```

　あらかじめ決めた有意水準以下で p 値があるなら帰無仮説を棄却し、対立仮説を採択する。対立仮説に A ＞ B と A ＜ B のふたつの可能性があるため、両側検定が行われる。

　先行研究の結果から A ＜ B は絶対にあり得ないと研究者が確信を抱いている場合には、以下のような状況も考えられる。

```
帰無仮説： A ≦ B
対立仮説： A ＞ B
```

　この場合には片側検定でよい。しかし A ＜ B は絶対にあり得ないということを研究者本人だけでなく他の人にも納得させる必要がある。

　がん薬物療法の優越性試験は実際にはハザード比が分析される。ハザードとは、生存曲線を微分したものであるため、次の瞬間に死ぬ確率、次の瞬間に増悪する確率、次の瞬間に再発する確率など、次の瞬間に悪いことが起きる確率である。A 群と B 群のこれら確率の比がだいたいいつも一定であるという仮説を比例ハザードモデルという。比であるため、以下のように記載される。

```
A/B ＝ 1・・・A 群と B 群の治療効果がまったく同じ。
A/B ＞ 1・・・B 群の方が治療効果が大きい。
A/B ＜ 1・・・A 群の方が治療効果が大きい。
```

　したがってハザード比 A/B を用いて優越性試験の帰無仮説と対立仮説をあらためて書き直すと以下のようになる。

```
帰無仮説： A/B ＝ 1
対立仮説： A/B ＞ 1 または A/B ＜ 1
```

## 3 臨床試験

　ハザード比は「確率の比」というわかりにくい概念である。さらに、このハザード比も信頼区間という確率で示される。有意水準は通常は5%であるため、95%信頼区間として示される。この95%信頼区間とは同一条件で100回の試行を繰り返した時の点推定値が95回含まれる範囲である。
　例えば、解析の結果得られたハザード比の信頼区間によって以下のように解釈される(図 3-1)。

**図 3-1 信頼区間を用いた優越性試験の解釈**

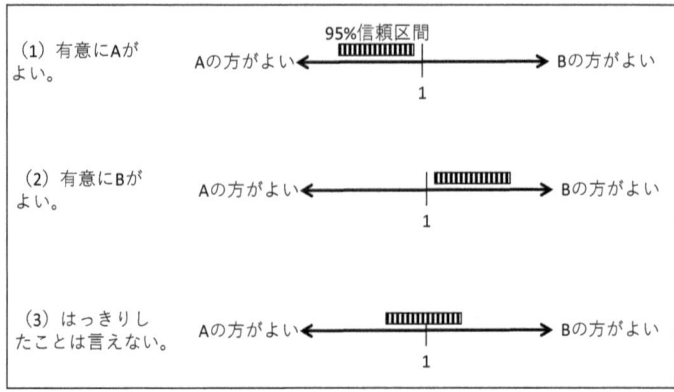

　(1)ハザード比A/Bの95%信頼区間全体が1より小さい場合、BよりAの方がよい(優越)と言える。(2)逆にハザード比A/Bの95%信頼区間全体が1より大きい場合、AよりBの方がよい(優越)と言える。(3)ハザード比A/Bの95%信頼区間内に1が含まれる場合、AとBのどちらが優れているとも同等とも言えない。A/Bの真の値は1より小さい(Aが優れている)かもしれないし、1より大きい(Bが優れている)かもしれないし、1に等しい(AとBは同等)かもしれない。サンプルサイズを大きくする(nを増やす)と信頼区間が狭まり、以下のようにどちらが(統計学的には)優れているか言えるようになる(図 3-2)。

**図 3-2 nを増やせば有意になる**

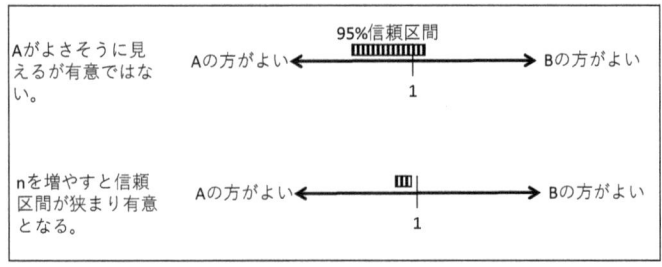

3.1 臨床試験の読み方

## 非劣性試験

A群がB群に対して非劣性であることを言いたい時の非劣性試験の帰無仮説と対立仮説は、ハザード比A/Bを用いて記載すると以下である。

帰無仮説：A/B > 1 + ゲタ（AはBより劣っている）
対立仮説：A/B ≦ 1 + ゲタ（AはBに対して劣っているとは言えない）

非劣性試験では、右辺にゲタを履かせ、ハザード比A/Bが1をちょっとくらい超えてもよいようにする。このゲタのことを非劣性のマージンと呼ぶ。非劣性のマージンをどれくらいにするかは研究者が決める。当然、マージンを大きくとれば（ゲタを高くすれば）有意な結果を出しやすい。非劣性試験でも、ハザード比は信頼区間で示される。

**図 3-3 信頼区間を用いた非劣性試験の解釈**

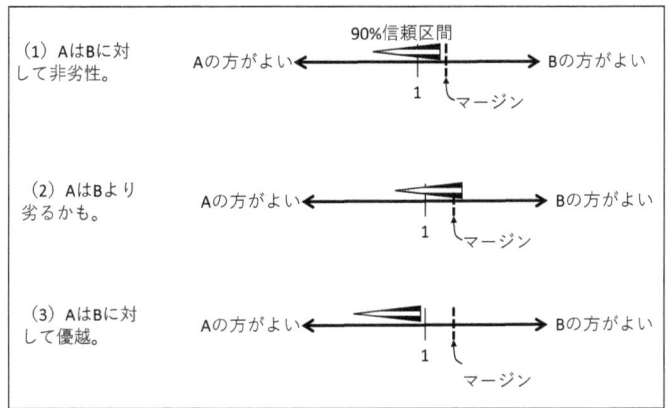

非劣性試験では、信頼区間の上限（図 3-3 の信頼区間の右端）がマージンを超えるかどうかだけが問題であり、下限は考慮しない。したがって片側検定が行われる。片側だけを評価すればよいので、95%信頼区間ではなく90%信頼区間で評価されることが多い。両側検定における上限5%、下限5%の誤差の合計は10%なので、片側検定では片側の10%誤差を考慮する。信頼区間を95%から90%に下げると、範囲が狭くなるため有意な結果が出やすくなる。

非劣性試験としてデザインしても、結果的にA群のB群に対する優越性まで言えてしまうこともある（図 3-3(3)）。非劣性試験のハザード比の信頼区間が95%なら、結論は「A群はB群に対して優越」でかまわない。しかし、もし非劣性試験のハザード比の信頼区間が95%ではなく90%なら、解釈には注意が必要である。優越性試験を両側検定で行って95%信頼区間で言う優越性と、非劣性試験を片側検定で行って90%信頼区間で言う優越性とでは意味が異なる。ちなみに、逆のパターンはない。すなわち、優越性試験としてデザインし、優越性は言えなかったが非劣性なら言える、という状況はない。

## 3 臨床試験

## 同等性試験

A群とB群が同等であることを言いたい時の同等性試験の帰無仮説と対立仮説は、ハザード比A/Bを用いて記載すると以下である。

```
帰無仮説： A/B ≠ 1
対立仮説： A/B = 1
```

実際には、ハザード比A/Bは95%信頼区間で示されるため、この区間が1を挟む一定の範囲にすっぽりと収まっている場合にAとBは同等とみなされる（図3-4）。この「一定の範囲」を決める上側マージンと下側マージンを、同等性のマージンと呼ぶ。

**図 3-4 信頼区間を用いた同等性試験の解釈**

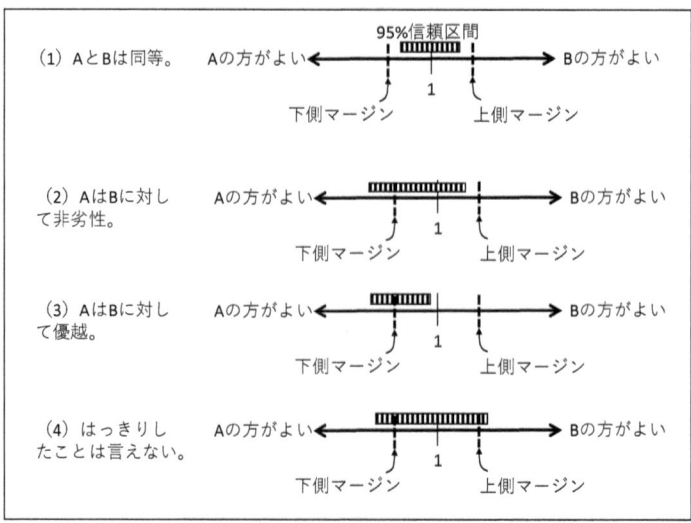

婦人科がんの臨床試験では同等性試験はほとんど行われない。

3.1 臨床試験の読み方

## 3.1.3 Endpoint

臨床試験において、抗がん剤が「効いているかどうか」を評価する方法や項目を endpoint という。Outcome measurement とも呼ばれる。

### Endpoint の問題

がん患者が治療を受ける目的は、延命か QOL の改善のどちらかしかないと言っても過言ではない。したがって真の endpoint は OS か QOL しかない。しかし、第3相臨床試験で primary endpoint とされるのは最近では PFS が多い [50][117][193][471][488]。OS を endpoint とするよりも PFS を endpoint とする方がサンプルサイズが小さくてすみ、結果は迅速に出て、有意差を出しやすく、研究資金も少なくて済む[50]。これらは、承認を早く得たい製薬会社にとっては非常に大きなメリットだろう。実際、メジャーな医学雑誌に掲載されるランダム化臨床試験の 78%は製薬会社から資金提供を受けているとされる[117]。

しかし、PFS の延長と OS の延長の相関がはっきり証明されたわけではなく、ましてや PFS の延長が QOL の改善につながるかどうかはわかっていない[50]。PFS が延長されても OS の延長につながらないこともある大きな理由は、増悪した後には当然、様々な後治療が行われるためである[50]。効果のある治療法 A と効果のそれほどない治療法 B を続けて行う場合に、どちらを先に始めても大差ないということはあり得る。

### 様々な endpoint

#### OS (Overall Survival)

「治療開始後、どれだけ長く生きられるか」を意味する。無作為割り付けの日から死亡するまでの期間で評価する。死亡の理由は問わない。

OS は本来期間で表されるべき endpoint であるが、ある時点での生存率を OS としている文献もある。しかし数年後の生存率は通常は OS とは呼ばず、年生存率と呼ぶ。年生存率(5 年生存率など)が endpoint として用いられることもある。

#### PFS (Progression Free Survival)

「治療開始後、どれだけ増悪しないでいられるか」を評価する。無作為割り付けの日から増悪 = PD(progressive disease)か、または死亡するまでの期間であらわす。死亡の理由は問わない。A 群と B 群の PFS のハザード比(「3.1.2 優越性、非劣性、同等性」p.37 参照)で評価する。

PFSは本来期間で表されるべきendpointであるが、ある時点での無増悪生存率をPFSとしている文献もある。

## DFS (Disease Free Survival)、RFS (Recurrence Free Survival、Relapse Free Survival)

「手術などで(いったん)治った後、どれくらいの期間再発しないでいられるか」を意味する。無作為割り付けの日から再発するか、(2次発癌を起こすか、)死亡するまでの期間で評価する。死亡の理由は問わない。いったん治ることが前提となっているため、初期癌治療に対するendpointとして用いられることがある。2次発癌を含める場合をDFSと呼び、含めない場合をRFSと呼んで区別することもある[488]。

## QOL (Quality of Life)

QOLの改善は、日常臨床では極めて重要な治療目標であるが、客観的評価が難しいため[488]、「primary」ではなく「secondary」endpointとなることが多い。患者へのアンケート調査のようなもの(patient reported outcome)で評価する。

## MST (Median Survival Time)

生存率が50%になるまでの期間である。生存期間の「平均」は、患者の最後のひとりが何十年か後に死亡するまで計算できないため実用的ではない。その代わりにMSTが用いられる。重要な指標ではあるが、endpointとしてはほとんど用いられない。

## 奏効率

第1相や第2相の臨床試験でendpointとして採用されることがある(「6.3 RECISTと奏効率」p.168参照)。

## 3.2 臨床試験ピックアップ

---

**Archibald Leman Cochrane (1909-1988)**

　Archie Cochrane はスコットランド出身の医師である。医療の分野で最も信頼できる meta-analysis を提供するボランティア団体 Cochrane collaboration (現 Cochrane)は、彼の死後の 1993 年に彼の名を冠して設立された。Cochrane が 1972 年に発表した "Effectiveness and efficiency: Random reflections on health services" [94]は Randomized Controlled Trial(RCT)の重要性を説いており、その後の health science に大きな影響を与えた。

　Cochrane 自身の説明によれば、彼が RCT の重要性に気づいたのは第 2 次世界大戦中、クレタ島でナチス軍の捕虜となった時である[44][95]。Salonica(テッサロニキ)の捕虜収容所に移送された後、収容所の医務官に Cochrane は抜擢された。ドイツ語を流暢に話すことができたからである。流れ弾が絶えず飛び込んできてスタッフを大けがさせたり殺したりする収容所病院で、彼は多くの者が浮腫に悩まされているのを目撃した。Cochrane 自身もひどい浮腫を患った。ドイツ人達は、浮腫は脚気のせいだと主張したが、Cochrane はタンパク不足が原因だと考えた。自説を証明したくなった彼は、20 歳台の 20 名の浮腫患者を選び、同郷で自分にとってのヒーローである James Lind の実験(コラム「世界初の controlled trial」p.34 参照)を持ち出し、比較試験に参加するように説得して同意を得た。20 名を 2 群に分け、一方の群には vitamin C を、他方の群には dry yeast を毎日摂取させた。Dry yeast は Cochrane が私費を投入して闇市で入手した。効果は 4 日後に現れた。Dry yeast 群では 10 名中 8 名で浮腫が改善し、vitamin C 群ではひとりも浮腫が改善しなかったのだ。

## 3.2.1　卵巣癌の治療比較

### 卵巣癌の初回治療比較

#### PDS と NAC + IDS は同等である可能性を否定できない

　Cochrane review(2021年)によれば、卵巣癌に対する初回治療として PDS と NAC + IDS を比較したところ、PFS のハザード比の95%信頼区間は 0.87-1.07 で、どちらか一方が優れていると結論付けられなかった[98]。腸切除や輸血の必要性などの手術侵襲は NAC 群で低いとされた。この Cochrane review では、非劣性試験の JGOG0602 の中間報告は解析の対象としているが、最終報告[363]は対象としていない。その JGOG0602 の最終報告では、OS を endpoint とした場合、NAC の PDS に対する非劣性を言えなかった。
　PDS = primary debulking surgery、NAC = neoadjuvant surgery、IDS = interval debulking surgery。

#### リンパ節転移が疑われない場合、系統的リンパ節郭清の積極的意義は乏しい

　LION 試験(2019年)は FIGO IIB-IV 期の卵巣癌(組織型を問わない)の初回手術で系統的リンパ節郭清の意義を調べることを目的としたランダム化比較試験である[184]。画像的にも術中所見でもリンパ節転移が疑われず、手術で完全切除できた症例を対象としている。その結果、OS 中央値はリンパ節郭清群で 65.5 カ月、非郭清群で 69.2 カ月と有意差を認めなかった。
　リンパ節転移が術前または術中に疑われた場合のリンパ節郭清の意義は不明なままである。

#### TC + Bev 療法後の維持療法は、Bev 単剤よりも Olaparib + Bev の方がよい

　PAOLA-1 試験(2019年)は、卵巣癌 I-IV 期を対象とし、TC + Bev(など)の初回薬物療法後の維持療法として Bev 単剤と Bev + Olaparib 併用の効果を調べた第3相臨床試験である。それによれば、Bev + Olaparib の方がよかった[407]。Bev 単剤の場合の PFS 中央値は 16.6 カ月であったのに対し、Bev + Olaparib では 22.1 カ月であった。BRCA 変異を含む相同組み換え欠損を有する場合には

Olaparib の上乗せ効果はとくに顕著であった。
OS の data は「immature」とされ、示されていない。QOL は Bev 単剤群と Bev + Olaparib 併用群で同等だった。

## TC + Niraparib 維持療法の方が TC 療法よりも有効である（BRCA 変異の有無によらない）

PRIMA/ENGOT-OV26 試験(2019 年)は、TC 療法後の Niraparib 維持療法の効果を調べた第 3 相臨床試験である[164]。FIGO III 期または IV 期の卵巣の serous carcinoma または endometrioid carcinoma を対象とし、TC 療法などの薬物療法後、引き続き Niraparib 維持療法を行った群と Placebo 群とを比較している。その結果、。PFS 中央値は Placebo 群で 8.2 カ月、Niraparib 群で 13.8 カ月と Niraparib 群の方が有意に長かった。また、BRCA 変異の有無に関わらず Niraparib 群で有意に PFS は長かった。
OS(2 年生存率)は Niraparib 群全体と Placebo 群全体で有意差を示せなかった。

## CBDCA 腹注と静注で効果は同等である可能性を否定できない（Dose dense TC + Bev の場合）

FIGO II-IV 期(89.6%は III-IV 期)の卵巣癌を対象とし、dose dense TC + Bev(CBDCA 静注)、dose dense TC + Bev(CBDCA 腹注)、TP + Bev(CDDP 腹注)を比較した第 3 相臨床試験(2019 年)によれば、PFS 中央値はそれぞれ 26.9 カ月、28.7 カ月、27.8 カ月と、いずれかが優れているということはなかった[510]。したがってこれら 3 群の効果が同等である可能性を否定できない(違いがある可能性も否定できない)。

## TC 療法、dose dense TC 療法、weekly TC 療法は効果が同等である可能性を否定できない

卵巣癌の手術後の初回治療として TC 療法と dose dense TC 療法を比較した meta-analysis(2018)では、両者は同等の PFS 延長効果とされた[294]。この meta-analysis では、下記の ICON8 試験[92]も JGOG 3016 試験[233]も解析の対象に含めている。
ICON8 試験(2019 年)は、FIGO stage Ic-IV 期の卵巣癌を対象とし、手術後の TC 療法、weekly TC 療法、dose dense TC 療法を比較した第 3 相臨床試験である。それによれば、PFS 中央値はそれぞれ TC 17.7 カ月、dose dense TC 20.8 カ

月、weekly TC 21.0 カ月と、いずれかが優れているとは言えなかった[92]。またこの 3 つの療法間で、QOL は同等だった[42]。CBDCA アレルギーは weekly TC 群で多く、Grade 3 の貧血は dose dense TC 群で多かった。

JGOG 3016 試験(2009 年)は、FIGO stage II-IV 期の卵巣癌を対象とし、TC 療法と dose dense TC 療法を比較した第 3 相臨床試験である。それによれば、、前者の PFS 中央値が 17.2 カ月、後者が 28 カ月と後者が優れていた[233]。OS も後者で延長した[232]。

MITO-7 試験(2014 年)は、FIGO stage Ic-IV 期の卵巣癌を対象とし、TC 療法と weekly TC 療法を比較した第 3 相臨床試験である。それによれば、両群の PFS に有意差はなかった[394]。しかし、weekly TC 療法の方が QOL はよく、骨髄抑制も少なかった。

## TC + Olaparib 維持療法の方が TC 療法よりも有効である（BRCA 変異がある場合）

SOL01 試験(2018 年)は、TC 療法後の Olaparib 維持療法の効果を調べた第 3 相臨床試験である[327]。BRCA 遺伝子変異陽性の FIGO III 期または IV 期の卵巣 serous carcinoma または endometrioid carcinoma を対象とし、TC 療法等の薬物療法後、引き続き Olaparib 維持療法を行った群と Placebo 群とを比較している。その結果、Placebo 群の PFS 中央値が 13.8 カ月に対し、Olaparib 群では 49.9 カ月と有意に長かった。

暫定的な結果だが OS(3 年生存率)に Olaparib 群と Placebo 群に有意差はなかった。QOL は同等だった。

## IDS 時の HIPEC が有効である可能性がある

OVHIPEC 試験(2018 年)は、FIGO III 期の卵巣癌を対象とし、HIPEC (Hyperthermic Intraperitoneal Chemotherapy)の効果を調べた第 3 相臨床試験である[550]。TC 療法 3 cycle→IDS→TC 療法 3 cycle とし、IDS 時に TP 療法を HIPEC として行うかどうかで比較している。したがって HIPEC 群では薬物療法 7 cycle(TC 計 6 cycle + HIPEC)、control 群では 6 cycle(TC 6 cycle)となっている。この結果、PFS 中央値は HIPEC 群で 14.2 カ月、control 群で 10.7 カ月と、HIPEC 群で有意に延長していた。OS の hazard ratio でも有意差を認めた。有害事象は両群で差がなかった。

この結果を踏まえ、FIGO III 期の IDS 時には、HIPEC を考慮し得る(can be considered)とアメリカの NCCN ガイドライン(Version 2.2020)に記載されている[23]。

## CPT-11 + CDDP 療法は TC 療法と効果が同等である可能性を否定できない（clear cell carcinoma の場合）

　　JGOG3017 試験(2017 年)は、FIGO I-IV 期の卵巣の clear cell carcinoma を対象とし、手術後の TC 療法と CPT-11 + CDDP 療法を比較した第 3 相臨床試験である。それによれば、2 年後の progression free survival rate は前者が 77.6%、後者が 73.0% と有意差を認めなかった[459]。

## FIGO I 期術後は補助薬物療法を行う方がよい

　　ICON1 試験(2014 年)は FIGO I 期の卵巣癌を対象とし、術後補助薬物療法 (87%は CBDCA 単剤療法)を行う場合と行わない場合を比較した第 3 相臨床試験である。その長期予後の結果によれば、術後補助薬物療法を行う方がよく、recurrence free survival のハザード比 = 0.69 (95% CI 0.51-0.94)、OS のハザード比 = 0.71(95% CI 0.52-0.98)であった[99]。

## TC + Bev 療法の方が TC 療法よりも有効である

　　ICON7 試験(2012 年)は、FIGO stage I-IV 期の卵巣癌を対象とし、手術後の TC 療法と TC + Bev 療法を比較した第 3 相臨床試験である。それによれば、前者の PFS 中央値が 17.4 カ月であったのに対し、後者は 19.8 カ月と延長した[385]。
　　GOG218 試験(2011 年)は、FIGO stage III-IV 期の卵巣癌を対象として手術後の TC 療法と TC + Bev 療法を比較した第 3 相臨床試験である。それによれば、前者の PFS 中央値が 10.3 カ月であったのに対し、後者が 14.1 カ月であった[61]。
　　暫定的な結果だが、ICON7 試験でも GOG218 試験でも TC 療法群と TC + Bev 療法群で OS には有意差を認めず、QOL は同等だった。

## PLD-C 療法と TC 療法は同等である可能性を否定できない

　　MITO-2 試験(2011 年)は、FIGO stage Ic-IV 期の卵巣癌を対象とし、手術後の TC 療法と PLD-C 療法を比較した第 3 相臨床試験である。それによれば、一方の他方に対する優越性を示せなかった[393]。したがって効果が同等である可能性を否定できない(違いがある可能性も否定できない)。PFS 中央値は TC 群 16.8 カ月、PLD-C 群 19.0 カ月であった。OS 中央値は TC 群 53.2 カ月、PLD-C 群 61.6 カ月であった。
　　脱毛、下痢、末梢神経障害は TC 療法で多く、貧血、血小板減少症、皮膚障害、

胃炎は PLD-C 療法で多かった。Cochrane review(2013 年)では、脱毛や末梢神経障害を避けたい患者には、PLD-C 療法は TC 療法の代替に充分になりうるとしている[259]。

### TC 療法は GC 療法より有効である可能性がある

FIGO stage Ic-IV 期の卵巣癌を対象とし、手術後の TC 療法と GC 療法を比較した第 3 相臨床試験(2011 年)では、一方の他方に対する優越性を示せなかった[167]。したがって効果が同等である可能性を否定できない。当初、OS を primary endpoint として試験が開始されたが、途中で PFS に変更された。PFS 中央値は TC 群 22.2 カ月、GC 群 20.0 カ月とどちらが優越と言えなかった。しかし、OS 中央値は TC 群 57.3 カ月、GC 群 43.8 カ月と、TC 群の方が有意に長かった。

### DC 療法と TC 療法は同等である可能性を否定できない

FIGO stage Ic-IV 期の卵巣癌を対象とし、手術後の TC 療法と DC 療法を比較した第 3 相臨床試験(2004 年)では、一方の他方に対する優越性を示せなかった[494]。したがって効果が同等である可能性を否定できない(違いがある可能性も否定できない)。PFS 中央値は TC 群 14.8 カ月、DC 群 15.0 カ月であった。Grade 3 以上の末梢神経障害は TC 療法で強く、好中球減少症と浮腫は DC 療法で強かった。

### PDS で残存がある場合に、再手術を行う意義は乏しい

卵巣癌 III 期 IV 期を対象とし、初回手術時に 1 cm 以上の残存があった場合に 2 度目の手術を行う意義を調べた第 3 相臨床試験(2004 年)は、PDS→TP 療法 6 cycle(非手術群)と、PDS→TP 療法 3 cycle→IDS→TP 療法 3 cycle(手術群)を比較している。それによれば、OS 中央値は非手術群で 33.7 カ月、手術群で 33.9 カ月と有意差を認めなかった[417]。PFS にも有意差を認めなかった。

### TC 療法は TP 療法に対して非劣性である

GOG158 試験(2003 年)は、卵巣癌 I-IV 期を対象とし、Optimal surgery 後の補助薬物療法として TC 療法と TP 療法を比較した非劣性試験である[367]。それによれば、前者の PFS 中央値が 20.7 カ月、後者が 19.4 カ月で、PFS の relative risk 0.88(95%信頼区間 0.75-1.03)であった。これにより TC 療法は TP 療法に対し、非劣性とされた。他の非劣性試験でも TC 療法は TP 療法に対し非劣性であるとされた[547]。

3.2 臨床試験ピックアップ

## プラチナ製剤感受性再発卵巣癌の治療比較

**再発腫瘍に対しては、手術をする方がよい場合も、しない方がよい場合もある**

　　SOC-1試験(2021年)は最終のプラチナ製剤投与から6ヶ月以上経過した再発卵巣癌に対し、手術をしてから薬物療法を行うのと、手術せずに薬物療法のみを行うのを比較した第3相臨床試験である[439]。それによれば、PFS中央値は手術群で17.4カ月、非手術群で11.9カ月と有意に手術群の方がよかった。OS(暫定結果)には有意差を認めなかった。サブグループ解析では、独自指標のiMODELという点数が低い場合に手術群の成績がよく、高い場合には有意差を認めなかった。この指標は、臨床進行期(I-II期の方が点数が低くなる)、初回手術での残存の有無(完全切除の方が点数が低くなる)、CA125値(105以下が点数が低くなる)、再発時の腹水の有無(ない方が点数が低くなる)などを総合したものである。

　　別な第3相臨床試験(2019年)も同様の比較をしている[97]。それによれば、手術群のOS中央値が50.6カ月、非手術群のOS中央値が64.7カ月で有意差を認めなかった。PFSでも差を認めなかった。サブグループ解析で得られる示唆は以下である。(1)serous carcinomaでは手術しない方がOSが長かった。(2)薬物療法レジメンにBevを含まない場合(TCまたはGC)には、手術をしない方がOSが長かった。(3)薬物療法レジメンにBevを含む場合(TC + BevまたはGC + Bev)には、手術群と非手術群でOSに有意差はなかった。(4)再発手術での完全切除群は非手術群よりPFSが長かったが、OSに有意差はなかった。

**NiraparibでPFSが延長する**

　　NORA試験(2021)は、最終のプラチナ製剤投与から6ヶ月以上経過しての再発卵巣癌に対し、NiraparibとPlaceboの効果を調べた第3相臨床試験である。それによれば、PFSの中央値はNiraparib群で18.3カ月、Placebo群で5.4カ月と有意にNiraparib群の方がよかった[520]。Bev使用の既往は、Niraparib群で6.2%、Placebo群で8%であった。

　　OSはimmatureながら、data cut-offの時点で両群に有意差を認めていない。

**初回治療でBevを使っていても、再発に対し再度Bevを使うとPFSが延長する**

49

## 3 臨床試験

MITO16MANGO2b試験（2021年）は、初回薬物療法の最終のプラチナ製剤投与から6ヶ月以上経過しての再発（Bev維持療法中の再発も含む）時の化学療法に対するBevの上乗せ効果を調べた第3相臨床試験である[392]。それによれば、化学療法（TCまたはGCまたはPLD-C）にBevを加える方がよかった。化学療法群のPFS中央値は8.8カ月で、これらにBevを加えた場合は11.8カ月であった。
OSは両群で有意差がなかった。

### PLD-C + Bev療法の方がGC + Bev療法よりも有効である

OVAR2.21試験（2020年）は、最終のプラチナ製剤投与から6ヶ月以上経過しての再発卵巣癌に対するGC + Bev療法とPLD-C + Bev療法を比較した第3相臨床試験である[388]。それによれば、PLD-C + Bev療法の方が有意に成績がよかった。PFS中央値はGC + Bev群14.8カ月、PLD-C + Bev群15.0カ月であった。ただし通常はGC + Bev療法は奏功している限り10 cycleまで継続して行うのに対し[9]、この試験ではGC + Bev療法は6 cycleしか行っていない。
OSも有意にPLD-C + Bev療法の方がよかった。QOLは両群で同等だった。

### Niraparib + Bev併用療法の方がNiraparib単剤よりもPFSが長い

プラチナ製剤感受性再発卵巣癌を対象とした第2相臨床試験（2019年）では、Niraparib単剤よりもNiraparib + Bev併用による維持療法の方がPFSが有意に長かった[319]。前者のPFS中央値は5.5ヶ月だったのに対し、後者では11.9ヶ月であった。
OSの比較はimmatureのため示されていない。

### 前治療歴が3レジメン以上でも相同組み換え修復欠損を有する場合にはNiraparibが奏功する可能性がある

前治療歴が3レジメン以上の卵巣のserous carcinomaに対するNiraparibの効果を調べた第2相臨床試験（2019年）によれば、相同組み換え修復欠損を有し、最終のプラチナ製剤投与から6ヶ月以上経過しての再発の場合、Niraparibの奏功率は26%であった[328]。相同組み換え修復欠損を有さない場合には奏効率は4%と低かった。

### BRCA変異がある場合、Olaparibが有効である

SOLO2試験（2017年）は、BRCA変異がある再発の卵巣のserous carcinomaまたはendometrioid carcinomaを対象とし、再発時にOlaparibを投与した場合

の効果を調べた第 3 相臨床試験である[401]。それによれば、Placebo 群の PFS 中央値が 5.5 カ月、Olaparib 群では 19.1 カ月と、有意に Olaparib 群が長かった。

OS は示されていない。「治療中断または死亡までの期間」という独自指標は、Placebo 群より優位に Olaparib 群の方が長かった。

## BRCA 変異の有無によらず、Niraparib 投与により PFS が延長する

ENGOT-OV16/NOVA 試験(2016 年)は、最終のプラチナ製剤投与から 6 ヶ月以上経過しての再発卵巣癌を対象とし、再発時に Niraparib を投与した場合を placebo と比較した第 3 相臨床試験である[318]。この試験では、まず、BRCA の germline mutation 陽性(gBRCA+)と陰性(gBRCA-)にグループ分けして解析している。さらに gBRCA-のグループのうち、相同組換え修復欠損(HRD)が陽性となっているかどうかでサブグループ解析している。結果として、以下の 4 群に分けられる。gBRCA+、gBRCA-、(gBRCA-, HRD+)、(gBRCA-, HRD-)である。このうち、論文の本文中で解析の対象となっているのは gBRCA+、gBRCA-、(gBRCA-, HRD+)の 3 グループだけで、最後の(gBRCA-, HRD-)は Supplementary appendix に参考として発表されている。これらサブグループの PFS 中央値は以下であり、いずれのサブグループでも Niraparib 群で PFS が有意に長かった。

gBRCA+:Placebo 群 5.5 カ月、Niraparib 群 21.0 カ月。
gBRCA-:Placebo 群 3.9 カ月、Niraparib 群 9.3 カ月。
(gBRCA-, HRD+):Placebo 群 3.8 カ月、Niraparib 群 12.9 カ月。
(gBRCA-, HRD-):PFS 中央値は示されていないが、Logrank 検定で p = 0.02 と有意に Niraparib 群で PFS が長かった。

OS のデータは記載されていない。

## GC + Bev 療法の方が GC 療法よりも有効である

OCEANS 試験(2012 年)は、最終のプラチナ製剤投与から 6 ヶ月以上経過しての再発卵巣癌患者を対象に、GC 療法と GC + Bev 療法を比較した第 3 相臨床試験である[9]。その結果、GC 群の PFS 中央値が 8.4 ヶ月であったのに対し、GC + Bev 群では 12.4 ヶ月と延長した。
OS に有意差はなかった[10]。

## PLD-C 療法の方が TC 療法よりも有効である

CALYPSO 試験(2010 年)は、最終のプラチナ製剤投与から 6 ヶ月以上経過しての再発卵巣癌に対する PLD-C 療法の TC 療法に対する非劣性を調べた第 3 相臨

床試験である。それによれば、TC療法に対するPLD-C療法の非劣性が示され、さらに優越性まで示された[162][402]。TC療法のPFS中央値は8.8カ月、PLD-C療法のPFS中央値は9.4カ月であった。PFSのハザード比は0.73(95%信頼区間:0.58-0.90)であった。この試験の後治療ではPTXよりもPLDの方が多く選ばれ、最終的なOSに有意差は認めなかった[508]。

### GC療法の方がCBDCA単剤療法よりも有効である

最終のプラチナ製剤投与から6ヶ月以上経過しての再発卵巣癌に対し、GC療法とCBDCA単剤療法の効果を比較した第3相臨床試験(2006年)によれば、PFS中央値は前者が8.6ヶ月、後者が5.8ヶ月で有意に前者の成績がよかった[387]。OSには差がなかった。

### PLDの方がTOPよりも有効である

再発卵巣癌に対し、PLDとTOPを比較した第3相臨床試験(2001年)では、奏功率は前者で19.7%、後者で17%と有意差を認めなかった[166]。ただしプラチナ製剤感受性再発に限れば、PLD群のPFS中央値が28.9週、TOPで23週と、有意差を認めた。OSも、プラチナ製剤感受性再発ではPLD群の方がTOP群よりもよかった[168]。

## プラチナ製剤抵抗性再発卵巣癌に対する薬物療法比較

### BRCA変異を有する場合、化学療法よりもOlaparibの方がPFSが長い

BRCA1/2にgermline mutationを有する、最終のプラチナ製剤投与から12ヶ月未満の再発卵巣癌に対するOlaparibと、化学療法(PLD、PTX、GEM、TOPのいずれか)を比較した第3相臨床試験(2020年)では、Olaparibの方が有効であった[382]。Olaparib群の奏効率が72.2%、PFS中央値が13.4カ月であったのに対し、化学療法群はそれぞれ51.4%、9.2カ月であった。
OSのデータは記載されていない。

### 複数回再発しているプラチナ製剤抵抗性再発あっても、Niraparibが奏功する可能性がある

前治療歴が 3 レジメン以上で、最終のプラチナ製剤投与から 6 ヶ月以内の再発卵巣癌(serous carcinoma)に対する Niraparib の効果を調べた第 2 相臨床試験(2019 年)によれば、Niraparib はやや奏功した[328]。相同組み換え修復欠損(BRCA 変異を含む)を有する場合には奏効率は 10%であった。相同組み換え修復欠損を含まないか未知の場合には奏効率は 3%であった。

## PLD、PTX、または TOP 単剤よりも Bev を加える方が PFS が長い

AURELIA 試験(2014 年)は化学療法に対する Bev の上乗せ効果を調べた第 3 相臨床試験である。それによれば、PLD または weekly PTX または TOP 単剤治療の PFS 中央値は 3.4 カ月であったのに対し、これらに Bev を加えた場合は 6.7 カ月と、Bev を加えた方が成績がよかった[400]。腹水や腹部消化器症状などの症状も Bev を加えた方が緩和された[454]。

OS を評価するにはサンプルサイズが小さすぎるとされている[452]。

## PLD と GEM の効果は同等である可能性を否定できない

PLD と GEM の効果を比較した第 3 相臨床試験(2007 年、2008 年)によれば、プラチナ製剤最終投与から 6 ヶ月以内の再発[337]でも 12 カ月以内の再発[137]でも両者に差を認めなかった(差がある可能性を否定できたわけではない)。プラチナ製剤最終投与から 6 ヶ月以内の再発では、PLD 群の PFS 中央値が 3.1 カ月であったのに対し、GEM 群は 3.6 カ月であった[337]。

## 3.2.2 子宮体癌の治療比較

### TC 療法は TAP（PTX ＋ DXR ＋ CDDP）療法に対して非劣性である

GOG0209 試験(2020)は、子宮体癌 FIGO III/IV 期および再発を対象とした非劣性試験である[312]。それによれば、TAP 療法の OS 中央値 41 カ月、TC 療法の OS 中央値 37 カ月、ハザード比 1.002(90%信頼区間:0.9-1.12)で、TC 療法は TAP 療法に対して非劣性とされた。QOL は TC 療法の方がよかった。

### FIGO I 期にリンパ節郭清は省略できる可能性がある

Cochrane review(2017 年)によれば、子宮体癌 FIGO I 期かつ再発高リスクではない場合、系統的リンパ節郭清で OS も RFS も延長することはなかった [145]。この meta-analysis では、傍大動脈リンパ節郭清も介入の対象としている。また、術前に I 期と診断されていても実際には 10%程度でリンパ節転移があることにも言及されている。

子宮体癌 FIGO II 期以上または再発高リスクの場合のリンパ節郭清の意義は不明なままである。

### 術後補助療法は放射線治療や CDDP 単剤療法よりも AP 療法の方がよい

FIGO III-IV 期の子宮体癌に対し、術後補助療法としての AP 療法と放射線治療を比較した第 3 相臨床試験(2006 年)によれば、臨床進行期調整後の 5 年生存率は前者で 55%、後者で 42%と、有意に AP 療法の方がよかった[406]。

FIGO III-IV 期または再発子宮体癌に対し、術後補助療法としての AP 療法と CDDP 単剤療法を比較した第 3 相臨床試験(2004 年)によれば、前者の PFS 中央値が 5.7 カ月、後者が 3.8 カ月と有意に AP 療法の方がよかった[477]。ただし OS には有意差がなかった。

## 3.2.3 子宮頸癌の治療比較

### 低侵襲手術よりも開腹手術の方がよい

LACC 試験(2018 年)は、子宮頸癌初期(91.9%は IB1 期)を対象とし、低侵襲手術と開腹手術を比較した第 3 相臨床試験である[405]。低侵襲手術群は 84.4%が腹腔鏡、15.6%がロボット支援手術であった。術式は Piver 分類の Type II または Type III 広汎子宮全摘術が行われた。術後 4.5 年後の disease free survival rate は低侵襲群 86.0%、開腹群 96.5%で有意に開腹群の方がよかった。OS のデータは示されていない。術中・術後の有害事象[356]や QOL[146]は両群で差が見られなかった。Meta-analysis でも低侵襲手術よりも開腹手術の方が PFS が長かった[449]。

### 進行扁平上皮癌では NAC + 広汎子宮全摘よりも CCRT の方がよい

子宮頸部 squamous cell carcinoma IB2 期、IIA 期、IIB 期を対象に CCRT と NAC(TC 療法 3 cycle) + 広汎子宮全摘を比較した第 3 相臨床試験(2018 年)によれば、5 年後の disease free survival rate は CCRT 群で 76.7%、NAC + 広汎子宮全摘群で 69.3%と有意に前者がよかった[178]。
OS(5 年生存率)に有意差は認めなかった。

### TC 療法は TP 療法に対して非劣性である

JCOG0505 試験(2015 年)は、進行・再発子宮頸癌に対する TC 療法の TP 療法に対する非劣性を調べている。それによれば、TC 療法は TP 療法に対し、OS を endpoint として非劣性であるとされた[240]。しかし、プラチナ製剤初回投与に限ったサブグループ解析では、TC 療法の OS 中央値は 13.0 カ月なのに対し、TP 療法では 23.2 カ月で、OS において有意に TP 療法の方が優れていた[240]。

### Bev を含むレジメンがよい

GOG240 試験(2014 年)は、進行・再発子宮頸癌に対する TP 療法または PTX + TOP 療法への Bev の上乗せ効果を調べた第 3 相臨床試験である。それによれば、Bev 非併用群の OS 中央値が 13.3 ヶ月であったのに対し、Bev 併用群では 17.0 ヶ月と延長した[474]。QOL は同等だった[381]。

## 3 臨床試験

### CDDPと併用するのはPTXがよい

　進行・再発子宮頸癌を対象に、CDDPと他にどの抗がん剤を併用するべきかを検討した第3相臨床試験(2009年)によれば、CDDPにPTXを併用した場合が、TOP、GEM、Vinorelbinと併用した場合よりもPFS中央値が長かった(ただし統計学的有意差はなかった)[325]。

### CDDP単剤療法よりもTP療法の方がPFSが長い

　進行・再発子宮頸癌(多くが放射線治療を受けた後)を対象にCDDP単剤療法とTP療法を比較した第3相臨床試験(2004年)によれば、前者の奏効率が19%、後者が36%、PFS(Progression free survival)中央値が前者で2.8カ月、後者で4.8カ月と、有意にTP療法の方がよかった[326]。
　OSに有意差はなかった。

### 放射線単独治療よりもCCRTの方がよい

　子宮頸癌IIB-IVB期(squamous cell carcinoma、adenocarcinoma)に対する治療として放射線治療と併用する抗がん剤を比較した第3相臨床試験(1999)によれば、hydroxyureaと併用するよりもCDDPを併用する方が有意にPFSがよかった[416]。OSも有意に後者がよかった。
　径4 cm以上の子宮頸癌IB期(squamous cell carcinoma、adenocarcinoma)に対し、子宮摘出の前にCCRTを行うのと放射線単独治療を比較した第3相臨床試験(1999年)の結果、CCRT群の方が有意にPFSがよかった[235]。OSも有意にCCRT群の方がよかった。

## 3.2.4 肉腫の治療比較

### DXR 単剤療法と GD 療法に有意差なし

　GeDDiS 試験(2017 年)は悪性軟部腫瘍に対し、DXR 単剤療法と GD 療法を比較した第 3 相臨床試験である[435]。それよれば、前者の PFS 中央値が 23.3 週、後者が 23.7 週と有意差を認めなかった。毒性は GD 療法の方が強かった[435]。

### Eribuline は Dacarbazine より効果がある

　化学療法の前治療歴のある進行・再発悪性軟部腫瘍(脂肪肉腫 33-35%、平滑筋肉腫 65-67%)に対し、eribulin 単剤療法と dacarbazine 単剤療法を比較した第 3 相臨床試験(2016 年)では、OS 中央値が eribulin 群で 13.5 カ月であったのに対し、dacarbazine 群で 11.5 カ月と、前者で有意に延長した[433]。ただし、平滑筋肉腫に限ったサブグループ解析では有意差を認めなかった[43]。

### Trabectedin は Dacarbazine より効果がある

　Doxorubicin 等での化学療法の治療歴を有する脂肪肉腫または平滑筋肉腫に対する trabectedin と dacarbazine の効果を比較した第 3 相臨床試験(2016 年)によれば、前者の PFS 中央値が 4.2 カ月だったのに対し、後者で 1.5 カ月と、有意に trabectedin の方がよかった[118]。暫定的な結果では OS には有意差を認めていない。
　子宮平滑筋肉腫のみのサブグループ解析でも trabectedin の方が dacarbazine よりも有意に PFS が長かった[190]。

### 放射線単独治療と、化学療法後放射線治療に有意差なし

　子宮肉腫(癌肉腫を含む)に対し、放射線治療群と IAP 療法後に放射線治療を行った群を比較した第 3 相臨床試験(2013 年)によれば、3 年生存率は前者が 69%で、後者が 81%と、有意差を認めなかった[375]。

### Pazopanib は転移を有する肉腫に有効である

　転移を有する進行悪性軟部腫瘍(子宮肉腫を含む)で、化学療法後に増悪した患者を対象として pazopanib の効果を調べた第 3 相臨床試験(2012 年)によれ

## 3 臨床試験

ば、placebo 群の PFS 中央値が 1.6 カ月だったのに対し、pazopanib 群は 4.6 カ月と有意に pazopanib 群がよかった[552]。OS には有意差を認めなかった。同試験および同様の第 2 相試験を合わせた長期予後の結果では、pazopanib 投与により 3.5%の患者が progression free で 2 年以上生存した[227]。

# 4 単剤薬物療法レジメン

# 4.1 分子標的薬

### 分子標的薬の命名法

　がんの増殖に必要な分子を標的とするモノクローナル抗体や小分子阻害薬の総称を分子標的薬と言う。
　分子標的薬の命名法は、WHOにより決められている。名称の最後につく文字がmabの場合、モノクローナル抗体(monoclonal antibody)であることを意味する。最後にibがつく場合、小分子阻害薬(inhibitor)であることを意味する。モノクローナル抗体のうち、momabはマウス抗体、ximabはキメラ抗体、zumabはヒト化抗体、numabは完全ヒト化抗体を意味する。

【例】
Niraparib, Olaparib= PARPを阻害する小分子薬
Pembrolizumab = 免疫チェックポイントを阻害するヒト化モノクローナル抗体
Bevacizumab = VEGF経路を標的とするヒト化モノクローナル抗体
Pazopanib = Tyrosine kinaseを阻害する小分子薬
Cetuximab = EGFRを阻害するキメラ抗体

4.1 分子標的薬

## 4.1.1 Niraparib

### ❖レジメン[348]

#### ◆保険適用

**卵巣癌**
1. 初回薬物療法後の維持療法
   FIGO III 期または IV 期でプラチナ製剤を含む初回薬物療法で奏効が維持されている患者が対象。
2. 白金系抗悪性腫瘍剤感受性の再発卵巣癌における維持療法
   再発時のプラチナ製剤を含む薬物療法で、奏効が維持されている患者が対象。
3. 白金系抗悪性腫瘍剤感受性の相同組換え修復欠損を有する再発卵巣癌
   薬物療法歴が 3 つ以上ある患者が対象。

#### ◆投与方法

通常、成人にはニラパリブとして 1 日 1 回 200 mg を経口投与する。ただし、本剤初回投与前の体重が 77 kg 以上かつ血小板数が 150,000/μl 以上の成人にはニラパリブとして 1 日 1 回 300 mg を経口投与する。
本剤を 3 年を超えて投与した場合の有効性及び安全性は確立していない。

#### ◆減量基準

以下のいずれかの場合、1段階減量(300→200→100 mg)、または最大 28 日間休薬する。
(1)血小板数 10 万/μl 以下、(2)好中球 1,000/μl 未満、(3)Hb 8.0 g/dl 未満、(4)Grade 3 以上の副作用。

#### ◆禁忌

本剤の成分に対し過敏症の既往歴のある患者。

#### ◆Emetic risk

4 単剤薬物療法レジメン

ASCO Guideline 2017：記載なし
NCCN Guideline Ver. 2.2020：moderate to high

◆代謝経路

肝 carboxylesterase で代謝され、糞便中と尿中に排泄される。

## ❖コンパニオン診断

◆相同組換え修復欠損（myChoice 診断システム®）

腫瘍組織を用いて相同組換え修復欠損(HRD)を検出する。腫瘍組織の *BRCA1/2* 遺伝子のシーケンスも診断に含まれる。「コンパニオン診断」[371]として認められているが、保険適用ではない。
　添付文書上は、以下の(1)-(3)をすべてみたす場合だけが本コンパニオン診断の対象だと思われる。すなわち再発卵巣癌のうち、(1)奏功が維持できず、(2)プラチナ製剤感受性であり、(3)薬物療法歴が3つ以上ある場合である。

## ❖血液毒性以外の Grade 3/4 の有害事象の例[164]

嘔気・嘔吐(2.0%)、倦怠感(1.9%)、腹痛(1.4%)、不眠(0.8%)、頭痛(0.4%)、便秘(0.2%)。

4.1 分子標的薬

## ❖作用機序

**図 4-1 PARP inhibitor の作用機序**

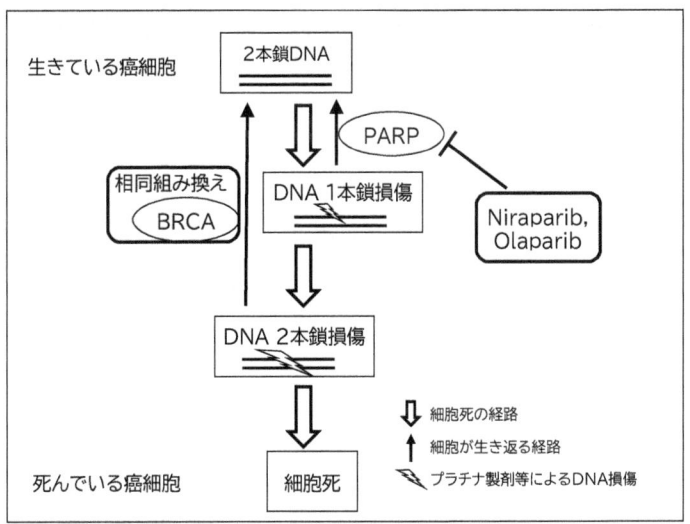

Niraparib や Olaparib は PARP(Poly (ADP-ribose) polymerase)を阻害する小分子薬である(図 4-1)。PARP は DNA の 1 本鎖損傷を修復する。

プラチナ製剤などの作用で DNA の 1 本鎖が損傷して細胞が半死となった時には PARP が DNA を修復して細胞を生き返らせる[81]。DNA 2 本鎖が損傷して細胞が瀕死となった時には、BRCA などによって相同組み換えが起き、DNA が修復される。Niraparib や Olaparib が PARP を阻害すると、DNA1 本鎖損傷の状態から細胞が生き返りにくくなる。さらに、BRCA に変異が入っているなど、相同組換え修復欠損の状態なら、効果的に細胞が死ぬ。

## 4.1.2　Olaparib

### ❖レジメン[361]

#### ◆保険適用

**卵巣癌**
　1．白金系抗悪性腫瘍剤感受性の再発卵巣癌における維持療法。
　2．BRCA 遺伝子変異陽性の卵巣癌における初回薬物療法後の維持療法。
　3．相同組換え修復欠損を有する卵巣癌におけるベバシズマブ（遺伝子組換え）を含む初回薬物療法後の維持療法。

#### ◆投与方法

　1回 300 mg を1日2回、経口投与する。
　BRCA 遺伝子変異陽性の卵巣癌における初回薬物療法後の維持療法の場合、本剤の投与開始後2年が経過した時点で完全奏効が得られている患者においては、本剤の投与を中止する。

#### ◆減量基準

　Grade 3 以上の血液毒性がある場合、Grade 1 となるまで休薬する。

#### ◆禁忌

　本剤の成分に対し過敏症の既往歴のある患者。

#### ◆Emetic risk

　ASCO Guideline 2017: low
　NCCN Guideline Ver. 2.2020: moderate to high

#### ◆代謝経路

## 4.1 分子標的薬

CYP3A4/5 で代謝され、尿と糞便に排泄される。

## ❖ コンパニオン診断

### ◆BRCA1/2

卵巣癌患者の血液または腫瘍細胞を検体とした BRCA1/2 遺伝子検査が保険適用となっている(D006-18)。

### ◆相同組換え修復欠損（myChoice 診断システム®）

腫瘍組織を用いて相同組換え修復欠損を検出する。腫瘍組織の BRCA1/BRCA2 遺伝子のシーケンスも診断に含まれる。「コンパニオン診断」[371]として認められているが、保険適用ではない。

## ❖ 血液毒性以外の Grade 3/4 の有害事象の例[327]

嘔気(1%)、嘔吐(1%未満)、全倦怠感(4%)、下痢(3%)、腹痛(2%)、頭痛(1%未満)。

## ❖ 作用機序

PARP(Poly (ADP-ribose) polymerase)を阻害する(「4.1.1 Niraparib」p.61 参照)。

## 4.1.3　Pembrolizumab（Pem）

### ❖レジメン[368]

#### ◆保険適用

**固形癌**
　がん薬物療法後に増悪した進行・再発の高頻度マイクロサテライト不安定性（MSI-High）を有する固形癌（標準的な治療が困難な場合に限る）。

#### ◆投与方法

投与量・投与間隔：200 mg 3 週間隔、または 400 mg 6 週間隔
溶解液：生理食塩液、または 5%ブドウ糖液（最終濃度 1-10 mg/ml）
投与時間：30 分
投与期間：計 35 cycle（約 2 年）[293]

#### ◆減量基準[368]

**休薬の例**
- 内分泌障害
- 肝機能障害（AST 若しくは ALT が基準値上限の 3-5 倍又は総ビリルビンが基準値上限の 1.5-3 倍に増加）
- Grade 2 の腎機能障害（クレアチニン上昇がベースラインまたは基準値上限の 1.5-3.0 倍[101]）
- Grade 2 の間質性肺炎
- Grade 2/3 の大腸炎/下痢

**投与中止の例**
- 肝機能障害（AST 若しくは ALT が基準値上限の 5 倍超又は総ビリルビンが基準値上限の 3 倍超に増加）
- Grade 3 以上の腎機能障害（クレアチニン上昇がベースラインまたは基準値上限の 3.0 倍以上[101]）
- Grade 3 以上の間質性肺炎
- Grade 3（再発性）以上の大腸炎/下痢

#### ◆禁忌[368]

## 4.1 分子標的薬

本剤の成分に対し過敏症の既往歴のある患者。

### ◆Emetic risk

ASCO Guideline 2017: minimal
NCCN Guideline Ver. 2.2020: minimal

### ◆代謝経路

モノクローナル抗体一般の代謝経路[420]により代謝されると考えられる。すなわち、肝や細網内皮系でペプチドに分解される。

## ❖コンパニオン診断

### ◆マイクロサテライト不安定性検査

悪性腫瘍組織検査としてマイクロサテライト不安定性(MSI)検査が保険適用となっている(D004-2)[371]。

マイクロサテライト不安定性検査については、「2.1 Somatic mutations-Microsatellite instability」p.23 参照。

## ❖奏効率[293]

### ◆卵巣癌

MSI-high の卵巣癌 15 例中 5 例(33.3%)で奏功した。

### ◆子宮体癌

MSI-high の子宮体癌 49 例中 28 例(57.1%)で奏功した。

## ❖Immune-related adverse event (irAE)

Pembrolizumab などの免疫チェックポイント阻害薬投与により、自己免疫疾患類似症状が発生する。Immune-related adverse event(irAE)と呼ばれる。ASCOは、これに関してガイドラインを発表している[55]。体のあらゆる臓器で炎症が起こりうるが、ASCO ガイドラインで挙げられている炎症にはたとえば以下のようなも

## 4 単剤薬物療法レジメン

のがあるので治療開始前に問診や身体所見や検査でスクリーニングを行っておく必要がある。少なくとも血算、血糖、Na、K、AST、ALT、総ビリルビン、CK、LDH、Cr、CRP、TSH、FT4 は、定期的に調べる必要がある。

**内分泌疾患**
 甲状腺機能低下症、甲状腺機能亢進症
   4-6 週毎に TSH、FT4 の検査を行う。
 糖尿病
   治療開始最初の 12 週は免疫チェックポイント阻害薬投与前に毎回血糖検査を行う。その後は 3-6 週毎に血糖検査を行う。
 副腎機能不全
   電解質など(Na、K、CO2、glucose)をルーチンで調べる。
   疑われたら午前の ACTH、Cortisol を調べる。
 視床下部-下垂体機能低下症
   疑われたら甲状腺機能検査、副腎機能検査に加え、性腺ホルモン(E2 or T)、LH、FSH を検査する。

**内分泌疾患以外で免疫チェックポイント阻害薬開始前に毎回検査**
 肝炎 → AST、ALT、総ビリルビン
 腎炎 → Cr

**内分泌疾患以外のその他の irAE（随時検査）**
 Aplastic anemia 再生不良性貧血
 Arthritis 関節炎
 Colitis 大腸炎
 Dermatitis 皮膚炎・水泡・シェーグレン症候群
 Encephalitis 脳炎
 Guillain-Barré syndrome ギランバレー症候群
 Hemolytic anemia 自己免疫性溶血性貧血
 Hemophilia 血友病
 HUS 溶血性尿毒症症候群
 Lymphopenia リンパ球減少症
 Meningitis 無菌性髄膜炎
 Myasthenia gravis 重症筋無力症
 Myelitis 横断性脊髄炎
 Myocarditis 心筋炎
 Myositis 筋炎
 Neuropathy 神経障害(末梢神経、自律神経)
 Ocular Toxicities 眼疾患
 Pericarditis 心膜炎
 Pneumonitis 間質性肺炎
 Polymyalgia 多発筋痛症
 Thrombocytopenia 免疫性血小板減少症

## 4.1 分子標的薬

TTP 血栓性血小板減少性紫斑病
Venous thromboembolism 静脈血栓・塞栓症

### ❖その他の Grade 3/4 の有害事象の例[293]

間質性肺炎(1.3%)、皮膚障害(1.3%)、大腸炎(0.9%)、肝炎(0.9%)、倦怠感(0.9%)、甲状腺機能亢進症(0.4%)、I 型糖尿病(0.4%)、膵炎(0.4%)、ギランバレー症候群(0.4%)。

### ❖作用機序

**図 4-2 PEM の作用機序**

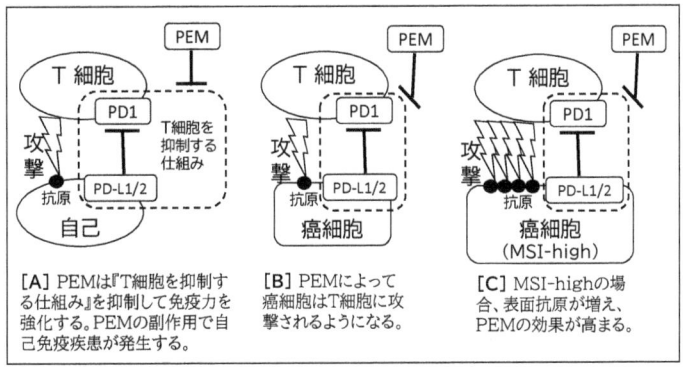

[A] PEMは『T 細胞を抑制する仕組み』を抑制して免疫力を強化する。PEMの副作用で自己免疫疾患が発生する。

[B] PEMによって癌細胞はT細胞に攻撃されるようになる。

[C] MSI-highの場合、表面抗原が増え、PEMの効果が高まる。

Pembrolizumab(PEM)は、T 細胞表面抗原の PD1 に結合し、阻害するモノクローナル抗体である。PD1 は T 細胞を抑制している。「T 細胞を抑制する仕組み」をPEMは抑制するので、T 細胞の攻撃力がアップする(図 4-2)[131][159][260][329]。

「T 細胞を抑制する仕組み」は、自分自身の免疫細胞から自己が攻撃され、自己免疫疾患が発生するのを回避するために存在する。自己の抗原提示細胞はPD-L1/2 を発現し、T 細胞表面の PD1 を介して攻撃されるのを防いでいる(図 4-2[A])。この仕組みがうまく働かないと自己免疫疾患が発生する。

がん細胞は、免疫細胞から攻撃されると死ぬ。この攻撃をかわすために、がん細胞は、ヒトがもともと持っている自己免疫疾患発生解除の仕組みを利用する。がん細胞は抗原提示細胞を模倣して PD-L1/2 を発現し、T 細胞表面の PD1 を介して攻撃されるのを防ぐ(図 4-2[B])。PEM は、この結合を阻害してがん細胞が免疫細胞から攻撃されやすくする。しかし、副作用として自己免疫疾患類似症状(irAE)が発生する[55]。

ミスマッチ修復異常のあるがん細胞では、MSI-high となっている。このような癌細胞では、異常なタンパクが多量に作られ、様々な抗原が発現し、T 細胞に認識されやすく、PEM が効果的に作用すると考えられている(図 4-2[C])。

## 4.1.4 Bevacizumab (Bev)

### ❖レジメン

#### ◆保険適用[38]

**卵巣癌**
　FIGO Ⅲ期以上の卵巣癌患者（TC + Bev 療法として使用）。
**子宮頸癌**
　進行または再発の子宮頸癌（PTX を含む他の抗悪性腫瘍剤との併用で使用）。

#### ◆投与方法[38]

投与量：15 mg/kg
溶解液：生理食塩液（ブドウ糖液との混合は避ける）
投与時間：初回 90 分、2 回目 60 分、3 回目以降 30 分
投与間隔：3 週間

#### ◆休薬基準

**高血圧**
　降圧薬で良好に血圧をコントロールできない場合に休薬とする。GOG-0128 では、降圧薬を使用しても収縮期圧 > 150 mmHg または拡張期圧 > 90 mmHg となる場合に休薬としている[61]。FDA label では具体的な数値は記載していない[37]。

**タンパク尿**
　尿タンパク(++)の場合、24 時間蓄尿により尿タンパク定量を行う[37]。これが 2 g 以上なら、2 g 未満になるまで休薬する。
　GOG-0128[61]や GOG-0240[474]では、UPCR（尿タンパク/クレアチニン比）≧ 3.5 の場合に休薬としているが、FDA label では UPCR と尿蛋白量の相関係数は 0.39 と低いため UPCR は用いるべきではないとしている[37][262]。

**抗凝固療法中**
　Full-dose の抗凝固薬投与の前後 2 週間以内は Bev を休薬する[474]。抗凝固薬投与量が安定しており、PT-INR が安定したら再開する。再開の目安は通常は PT-INR = 2-3 とされる。

## 4.1 分子標的薬

**術前術後**

術後は 28 日間休薬する[37]。術前の適切な休薬期間はわかっていないが、念のため 28 日間休薬する[37]。

## ◆禁忌[38]

1. 本剤の成分に対し過敏症の既往歴のある患者
2. 喀血(2.5 ml 以上の鮮血の喀出)の既往のある患者

## ◆Emetic risk

ASCO Guideline 2017: minimal
NCCN Guideline Ver. 2.2020: minimal

## ◆代謝経路

モノクローナル抗体一般の代謝経路[420]により代謝されると考えられる。すなわち、肝や細網内皮系でペプチドに分解される。

# ❖奏効率

## ◆卵巣癌

GOG-170D 試験[62]は、再発卵巣癌を対象として Bev 単剤の効果を見た第 2 相臨床試験である。その結果では、Bev 単剤でも 21.0%の奏功率を認めた。

## ◆子宮体癌

薬物療法の前治療歴のある進行・再発子宮体癌に対し、Bev 単剤療法を行ったところ、奏功率は 13.5%であった[11]。また、40.4%が、6 ヶ月以上増悪しなかった。

## ◆子宮頚癌

薬物療法の前治療歴のある進行・再発子宮頚癌に対し、Bev 単剤療法を行った

ところ、奏功率は 10.9％であった[324]。また、23.9％が、6 ヶ月以上増悪しなかった。

### ❖Bev による消化管穿孔

　Bev 投与の有害事象として消化管穿孔が知られている。(1)前レジメンが 3 レジメン以上、(2)腸管壁の肥厚または狭窄を認める、(3)消化管手術の既往がある、(4)腸閉塞の既往がある、といった場合にとくにリスクが高いと考えられる。
　前治療歴が 2 レジメンまたは 3 レジメンで、platinum free interval が 6 ヶ月未満の卵巣癌を対象に行われた AVF2949g 試験[79]では、44 例中 5 例(11.4%)に消化管穿孔を認めた。全 5 例とも前治療歴が 3 レジメンの患者であったことから、前レジメンが 3 レジメン以上であることがリスク因子だと示唆された。また、腸管壁の肥厚または狭窄を認める場合にもリスクが高いとされた。消化管手術の既往があるか、腸閉塞の既往がある場合にリスクが高いとの報告もある[79]。
　AURELIA 試験[400][454]では前治療歴が 3 レジメン以上の患者には Bev を投与しておらず、消化管穿孔は 2.2％の発生率にとどまった。GOG-0218 試験[61]では Bev 投与群の 2.6-2.8％に消化管穿孔が発生した。Bev を GOG-0218 試験の半量の 7.5 mg/kg にして併用投与した ICON7 試験[385]では消化管穿孔は 1.0％の発生率であった。GOG-0218 試験と、ICON7 試験を比較したメタアナリシス[542]では、治療効果に差はなかったが、Bev 15 mg/kg よりも 7.5 mg/kg の方が、消化管穿孔およびタンパク尿のリスクを有意に減少させた。

### ❖有害事象の例[61]

　下痢、発熱、倦怠感、尿路感染症、嘔気・嘔吐、腹痛、脱水、呼吸困難、心筋梗塞、消化管穿孔、高血圧。

## 4.1 分子標的薬

### ❖作用機序

図 4-3 Bev の作用機序

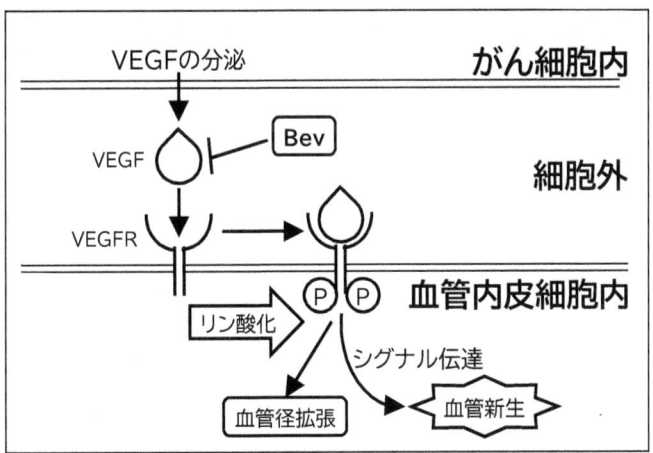

Bevacizumab(Bev)は、VEGF に結合して阻害するモノクローナル抗体である(図4-3)。VEGF は血管内皮上のレセプター(VFGR)を介し、血管を増殖させる。Bev が VEGF を阻害すると、血管新生が盛んな腫瘍の増大を抑制すると考えられている[270]。VFGFR からのシグナリングでは血管径を拡張する機能もあるため、Bev によりこの経路が阻害されると高血圧となる[270]。

## 4.1.5　Pazopanib (Paz)

### ❖レジメン[377]

#### ◆保険適用

悪性軟部腫瘍

#### ◆投与方法

パゾパニブとして1日1回800 mgを食事の1時間以上前又は食後2時間以降に経口投与する。

#### ◆投与中断の目安

以下の場合に投与を中断する。
ALT>8.0×ULN
または
ALT>3.0×ULN かつ T.Bil>2.0×ULN (D.Bil>35%)

ULN = upper limit of normal

#### ◆禁忌

1. 本剤の成分に対し過敏症の既往歴のある患者
2. 妊婦又は妊娠している可能性のある女性

#### ◆Emetic risk

ASCO Guideline 2017: low
NCCN Guideline Ver. 2.2020: minimal to low

#### ◆代謝経路

## 4.1 分子標的薬

主に肝の CYP3A4 で代謝され、糞便中に排泄される。

### ❖奏効率

子宮肉腫(多くは平滑筋肉腫)に対する奏効率は 11%で、PFS 中央値は 3 カ月であった[35]。

### ❖血液毒性以外の Grade 3/4 の有害事象の例[552]

倦怠感(13%)、高血圧(7%)、嘔気・嘔吐(6%)、食欲不振(6%)、下痢(5%)、粘膜炎(1%)。

### ❖作用機序

**図 4-4 Paz の作用機序**

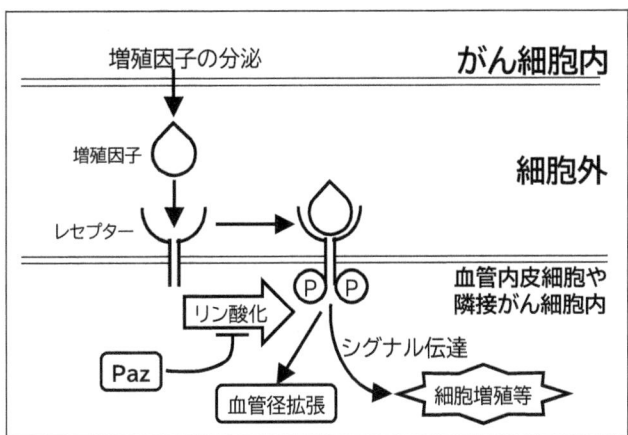

Pazopanib は multi-kinase inhibitor であり、Receptor tyrosine kinase のリン酸化を阻害する(図 4-4)[96][448]。阻害する Receptor tyrosine kinase には、血管新生に関わる VEGFR、PDGFR、KIT も含まれる。このため、血管新生が盛んな肉腫に効果があると考えられる。また、VEGFR を阻害するため、Bev 同様に副作用として高血圧が発生しうる(図 4-3)。

## 4.2 プラチナ製剤

### プラチナ製剤耐性のメカニズム

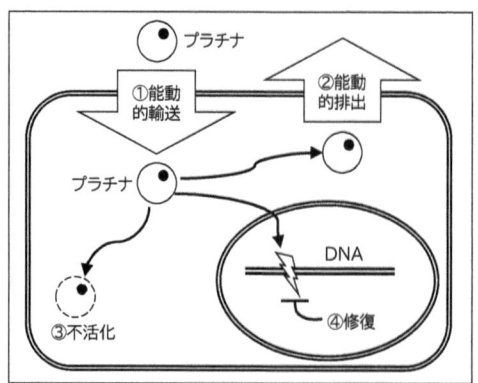

図 4-5 プラチナ製剤耐性

　プラチナ製剤は、細胞外から細胞膜を受動的ないし能動的に通過して細胞質に入り、核の DNA に到達して DNA を損傷させ、細胞死を誘導する(図 4-5)[309]。がん細胞がプラチナ製剤に対する耐性を獲得していくのは、以下のようなメカニズムによる[88]。
　①プラチナ製剤を細胞外から細胞内へ能動輸送する因子(CTR など)の発現低下。
　②プラチナ製剤を細胞内から細胞外へ排出する因子(ATP7 など)の発現上昇。
　③プラチナ製剤を細胞内で不活化する因子(GSH など)の発現上昇。
　④DNA を修復する因子(XRCC など)の発現上昇。

### プラチナ製剤アレルギーに対する他のプラチナ製剤投与

　他のプラチナ製剤に対するアレルギーがある場合、CDDP の投与は添付文書上は禁忌である[69]。CBDCA、NDP は、他のプラチナ製剤で「重篤な」アレルギーがある場合に禁忌である[67][340]。
　CBDCA アレルギーが出た場合、その後にレジメンを変更して NDP を投与すると 7.9%-27%で NDP に対するアレルギーを発症すると報告されている[22][310]。

## 4.2.1　Carboplatin（CBDCA）

### ❖レジメン[67]

#### ◆保険適用

**卵巣癌、子宮頚癌**
（子宮体癌に対しては保険適用となっていない。）

#### ◆投与方法

投与量：300-400 mg/m2/day
溶解液：250 ml 以上のブドウ糖液または生理食塩液
投与時間：30 分
投与間隔：4 週間

FDA label には、対表面積あたりの投与量に加え、AUC(area under the curve(目標値))を設定しての投与量も記載されている[66]。AUC = 5 で投与する[165]。

#### ◆減量基準

血小板 5 万未満、好中球 500 未満となる場合、次回投与量を 25%減量する[66]。または AUC = 4 に減量する[165]。

#### ◆禁忌

1. 重篤な骨髄抑制のある患者
2. 本剤又は他の白金を含む薬剤に対し、重篤な過敏症の既往歴のある患者
3. 妊婦又は妊娠している可能性のある女性

#### ◆Emetic risk

ASCO Guideline 2017: moderate
NCCN Guideline Ver. 2.2020: moderate

## 4 単剤薬物療法レジメン

◆排泄

投与量の71%が24時間以内に尿中に排泄される[66][127]。

## ❖AUCによるCBDCA投与量計算方法とその問題

CBDCA投与量は目標とするAUCをまず決め(たとえばAUC = 5)、Calvert式で計算する[66][74]。Calvert式の計算に必要なGFR推定値(eGFR)は、Cockcroft-Gault式で計算する。

●Calvert式
CBDCA投与量(mg) = AUC×(eGFR + 25)
AUC: area under the curve(mg·min/ml)(目標値)

●Cockcroft-Gault式
eGFR = [(140-年齢)×体重(kg)] / (72×Cr)]×0.85*
*:女性の場合のみ0.85倍する。
(eGFR上限 = 125 ml/min、Cr最低値 = 0.7 mg/dlとする)

**Cockcroft-Gault式以外のeGFR**

CBDCAを用いる治験では通常Cockcroft-Gault式が用いられる。このため、CBDCA投与量計算時のeGFRにはCockcroft-Gault式を用いるのが無難である[555]。しかし、以下のようなeGFRもある。

蓄尿によるクレアチニンクリアランス(24hCrCl)は、伝統的なeGFRである。以前はCDDPの臨床試験では24hCrClで腎機能を評価していたため、現在でもCDDP投与前には24hCrClを調べる習慣がある。しかし、24hCrClは、イヌリンを用いて測定した真のGFRよりも「腎機能がよい(値が大きく出る)」という結果になってしまう傾向があり、Cockcroft-Gault式によるeGFRの方が正確なGFRに近いとの複数の報告がある[147][390]。また、24hCrClの測定のためには蓄尿が適正に行われる必要があるが、日本での調査では40%程度でしか適正に蓄尿が行われていないとの指摘もある[196]。

日本腎臓学会は、Cockcroft-Gault式とは異なる独自のeGFRの計算方法を発表している[300]。電子カルテ上に自動計算で結果が出されるのはこれであることもある。

●日本腎臓学会による計算式

eGFR = 194×Cr$^{-1.094}$×年齢$^{-0.287}$×0.739*
*:女性の場合のみ0.739倍する。

4.2 プラチナ製剤

体表面積は、日本人成人男性に標準的な 1.73 m² として計算している。体格が標準的ではない場合、[体表面積/1.73]を乗じて補正する。この日本腎臓学会によるeGFRのCrの測定には、日本で普及している酵素法を用いているため、Cockcroft-Gault 法よりもさらに正確である可能性があるが[147]、それでも真のGFRに対して25%程度の誤差があるとされる[300]。

他にJelliffe法[221]などのeGFR測定方法があるが、Cockcroft-Gault 式の方が正確である[196][341]。

**単純計算ではCBDCAが過量投与となってしまう問題**

上記の Calvert 式、Cockcroft-Gault 式から明らかなように、Cr（血清クレアチニン値）が低い場合や高度肥満者では CBDCA 投与量が多くなる。Cockcroft-Gault 式が作成された当時の Cr 測定法（Jaffe 法）よりも現在の測定法（酵素法）は正確に Cr を測定し、当時よりも値が低く出る。そのため、現在の測定法での Cr を eGFR の計算に用いると CBDCA は過量投与になってしまう。そこで ASCO は、Cockcroft-Gault 式における eGFR の上限を 125 ml/min とし、Cr 最低値を 0.7 mg/dl として高度肥満者や Cr 測定上の問題に対応している[174]。eGFR 上限設定により、AUC×150 mg が CBDCA 投与量の上限である。AUC が 5 なら 750 mg が上限である。

日本腎臓学会は、高度肥満者における補正には触れず、Cr の補正のみを Ando の方法[18]で行うことを提案している[555]。すなわち酵素法で計測された Cr に 0.2 を足して Cockcroft-Gault 式で計算する。

## ❖血液透析中の患者への投与

血液透析中の患者へ CBDCA を投与する場合、GFR を便宜的に 0 ml/min として Calvert 式で投与量を計算する[177]。すなわち CBDCA 投与量(mg)＝ AUC × 25 として計算する。CBDCA は透析によって除去されるため、投与後 12-24 時間以内に透析が行われるように薬物療法を計画する[177][359]。CBDCA は投与後、タンパクに結合するまでに時間を要するため、投与後あまりに早期に透析を行うと毒性が高まる可能性があるとの指摘がある[177]。

日本腎臓学会は血液透析中の患者への CBDCA 投与は、GFR = 0 ではなく、GFR = 5-10 として計算するとしている[555]。

## ❖CBDCA アレルギーリスク

CBDCA 投与の休薬期間が短いか、投与回数が多いか、そのどちらかの場合にアレルギー発生のリスクが高くなるのかもしれない。

第3相臨床試験である ICON-8 試験は、TC療法、dose dense TC 療法、weekly TC 療法それぞれ 6 cycle を比較している[92]。CBDCA の総投与量は 3 群でほとんど変わらない（TC 群および dose dense TC 群は AUC = 5 or 6 × 6 cycle、weekly TC 群は AUC = 2 × 18 回）。その結果、TC 療法や dose dense TC 療法では CBDCA アレルギーの発生が 1%であったのに対し、weekly TC 療法で

は8%と高かった。また、Retrospectiveな調査であるが、CBDCAを含むレジメンが7 cycleを超えるとアレルギーの発生頻度は高くなり、19.2-27%にのぼるとの報告もある[292][310]。

## ❖奏効率

### ◆卵巣癌

プラチナ製剤を含む初回治療後、最終のプラチナ製剤投与から6ヶ月以上経過しての再発に対するCBDCA単剤療法の奏効率は50%であった[165]。

### ◆子宮体癌

進行・再発の子宮体癌に対するCBDCA単剤療法の奏効率は28%であった[379]。

### ◆子宮頚癌

進行・再発の子宮頚部扁平上皮癌に対するCBDCA単剤療法の奏効率は15%であった[516]。

## ❖血液毒性以外のGrade 2-4の有害事象の例[165]

嘔気(30%)、嘔吐(25%)、脱毛(17.5%)、食欲不振(10%)、過敏症(10%)、便秘(7.5%)、感染症(2.5%)、下痢(2.5%)、血清クレアチニン上昇(2.5%)、呼吸困難(2.5%)、うつ病(2.5%)、無力症(2.5%)。

4.2 プラチナ製剤

## 4.2.2 Cisplatin（CDDP）

### ❖レジメン

◆保険適用[69]

卵巣癌、子宮体癌、子宮頸癌、胚細胞腫瘍

◆投与方法[69]

**通常投与法**
ハイドレーションを含めると少なくとも 10 時間は投与時間を要する。

CDDP の溶解液：500-1000 ml の生理食塩液又はブドウ糖-食塩液
CDDP の投与時間：2 時間
前後の輸液：CDDP 投与前後それぞれ、1000-2000 ml の輸液を 4 時間以上かけて行う。

**ショートハイドレーション法**
ハイドレーションを含めても 4-4.5 時間で投与が完了する[554]。
添付文書には「最新の『がん薬物療法時の腎障害診療ガイドライン』などを参考にし、ショートハイドレーション法が適用可能と考えられる患者にのみ実施すること」との記載がある[69]。

**マグネシウム喪失対策**
腎機能障害によるマグネシウム喪失対策として CDDP 投与前に MgSO4 8-16 mEq を投与し、CDDP 投与後はマンニトールを投与すると腎機能障害は少ないとの報告がある[106][336]。点滴静注ではなく、マグネシウム（Magnesium subcarbonate 500 mg）を毎日 3 回経口投与しても腎機能障害予防効果があるとの報告がある[45]。

**卵巣癌に対する投与量**
(1) 50-70 mg/m2/day、21 日毎。
(2) 15-20 mg/m2/day × 5 days、14 日毎。
(3) 25-35 mg/m2/day、7 日毎。

**子宮体癌に対する投与方法**
AP 療法として使用する。

### 子宮頸癌に対する投与量
(1) 15-20 mg/m2/day × 5 days、14 日毎。。
(2) 70-90 mg/m2/day、21 日毎。

### 胚細胞腫瘍に対する投与方法
併用療法で使用する。

### 子宮頸癌に対する CCRT 時の投与量（添付文書には記載なし）
40 mg/m2/day、7 日毎[416]。

## ◆減量基準と総投与量の注意

### 減量基準
GFR 推定値(eGFR)を用いて、慣習的には以下のように減量される[34]。

eGFR = 50-59.9 ml/min：25%減量。
eGFR = 40-49.9 ml/min：50%減量。
eGFR = 40 ml/min 未満：投与中止。

上記と似ているが、日本腎臓学会の減量基準もある[555]。

### 総投与量の注意
CDDP 投与量に応じて徐々に聴力が低下していき、総投与量が 300 mg/m2 を超えると 18%で重篤な難聴が発症する[143]。

## ◆禁忌[69]

1. 重篤な腎障害のある患者
2. 本剤又は他の白金を含む薬剤に対し過敏症の既往歴のある患者
3. 妊婦又は妊娠している可能性のある婦人

## ◆Emetic risk

ASCO Guideline 2017: high
NCCN Guideline Ver. 2.2020: high

## ◆排泄

# 4.2 プラチナ製剤

尿中に排泄される。CBDCA や NDP と比較すると非常に緩徐に排泄され、投与後5日目でも投与量の 35-51%しか排泄されない[68]。

## ❖効果と奏効率

### ◆卵巣癌

FIGO III 期および IV 期の卵巣癌に対する CPA 高用量単剤療法と CDDP 高用量単剤療法(120 mg/body)を比較した試験によれば、前者の DFS(Disease free survival)中央値が 8 ヶ月であったのに対し、後者では 18 ヶ月であった[258]。

### ◆子宮体癌

進行・再発の子宮体癌に対する CDDP 単剤療法の奏効率は 21-25%であった[379]。

### ◆子宮頚癌

子宮頚癌に対する CDDP 単剤療法(通常の治療域での用量)の奏功率は 20.7%-25%であった[49]。

## 4.2.3　Nedaplatin (NDP)

### ❖レジメン[340]

#### ◆保険適用

卵巣癌、子宮頸癌

#### ◆投与方法

**通常投与**
　投与量: 80-100 mg/m2/day
　溶解液:300 ml 以上の生理食塩液又は5%キシリトール注射液
　投与時間:60 分
　投与間隔:4 週間

**CCRT（添付文書には記載なし）[225][534]**
　投与量: 30 mg/m2(10-45 mg/m2)
　溶解液: 500 ml の生理食塩液
　投与時間: 180 分
　投与間隔: 7 日

**AUC に基づいた投与量計算[215][216]**
　以下のような計算式が報告されている。

　●NDP 投与量(mg) = AUC × eGFR × 0.0738 + 4.47
　原法では eGFR としてクレアチニンクリアランスが用いられている。

　NDP 80 mg/m2 の投与量のかわりに、AUC = 10 とするのが妥当とされている[442]。

#### ◆減量基準

以下のいずれかの場合、次 cycle での NDP 投与量を 15 mg/m2 減量する[170]。
(1)発熱性好中球減少症
(2)grade 4 の血小板減少(<25,000/mm$^3$)

## 4.2 プラチナ製剤

(3) 2週以上の治療の遅れ

### ◆禁忌

1. 重篤な骨髄抑制のある患者
2. 重篤な腎障害のある患者
3. 本剤又は他の白金を含む薬剤に対し重篤な過敏症の既往歴のある患者
4. 妊婦又は妊娠している可能性のある婦人

### ◆Emetic risk

ASCO Guideline 2017：記載なし
NCCN Guideline Ver. 2.2020：記載なし

### ◆排泄

血漿中のプラチナは遊離型で存在し、投与後24時間で40-69%が尿中に排泄される[340]。

## ❖奏効率

### ◆卵巣癌

卵巣癌に対するNDP単剤療法の奏功率は37.7%であった[228]。また、TC療法などに抵抗性の卵巣癌に対するNDP単剤療法の奏功率は24%であった[170]。

### ◆子宮頸癌

子宮頸癌に対するNDP単剤療法の奏功率は34.2%-46.3%であった[228][350]。

## 4.3 タキサン系製剤

> **毒薬としてのイチイ（Taxus）**
>
> 　Paclitaxelは太平洋イチイの樹皮から抽出されたtubulin脱重合阻害薬である[512]。イチイは古くから毒薬として用いられてきた[280]。
> 　Cesarean sectionの名前の由来ともなっている古代ローマの政治家・文筆家であるJulius Caesar(BC100-BC43)の記したところによれば、ガリア人の王がイチイのジュースを飲んで死んだそうである。
> 　常緑で長寿のイチイは不死の象徴であり、聖なる樹木と西洋では見なされてきた。たぶんそのためにイチイは教会の傍に植えられることも多かった。しかし中世に教会の傍に植えられたことについては異説もある。Robert Turnerという人物が1664年に書いた*Botanologia*という書物によれば、腐敗した死体から発生する毒ガスから教会を守るためだそうである。イチイの枝の下に毒ガスが滞留し、ついにはイチイに吸収されるというのである。当時はイチイの枝の下で寝るだけで人間も動物も死ぬと考える人もいた。
> 　シェークスピア(1564-1616)も、少なくとも2作品でイチイを登場させている。ひとつは魔女が毒スープの材料にしている(*Macbeth*)。もうひとつはwise foolの道化師フェステが歌う歌の中で死装束を飾る(*Twelfth Night*)。
> 　イチイの毒についての近代の英語での最初の記載は、1836年に*Lancet*に発表されたものだとされる[207]。子供5人がイチイの赤い実を食べ、激しく嘔吐し、そのうちのひとりである3歳の子が死んだという症例報告である。その論文では、寄生虫除去の催吐薬としてイチイの葉を用いている地方が存在することが紹介されている。

4.3 タキサン系製剤

## 4.3.1　Paclitaxel（PTX）

### ❖レジメン[373]

#### ◆保険適用

卵巣癌、子宮体癌、進行又は再発の子宮頸癌、再発又は難治性の胚細胞腫瘍

#### ◆投与方法

**卵巣癌、子宮体癌に対する投与方法**
投与量：210 mg/m2
　　　（添付文書上は上記だが、卵巣癌の臨床試験では 175 mg/m2[389]）
溶解液：500 ml の 5%ブドウ糖液又は生理食塩液
投与時間：3 時間
投与間隔：21 日

**子宮頸癌に対する投与方法**
TP 療法として使用する。

**胚細胞腫瘍に対する投与方法**
併用療法で使用する。

日本では保険適用外使用であるが、weekly に投与する方法もある[5][239][295]。

#### ◆減量基準

表 4-1 のように減量する[223][372]。

**表 4-1 PTX の減量基準**

| Transaminase | T.Bil | PTX dose |
|---|---|---|
| <10 × ULN | ≦ 1.25 × ULN | 175 mg/m2 |
| <10 × ULN | 1.26-2.05 × ULN | 135 mg/m2 |
| <10 × ULN | 2.01-5.0 × ULN | 90 mg/m2 |
| ≧10 × ULN | ≧5.0 | 投与中止 |

## 4 単剤薬物療法レジメン

### ◆禁忌

1. 重篤な骨髄抑制のある患者
2. 感染症を合併している患者
3. 本剤又はポリオキシエチレンヒマシ油含有製剤（例えばシクロスポリン注射液など）に対し過敏症の既往歴のある患者
4. 妊婦又は妊娠している可能性のある女性
5. 次の薬剤を投与中の患者：ジスルフィラム、シアナミド、カルモフール、プロカルバジン塩酸塩

### ◆Emetic risk

ASCO Guideline 2017: low
NCCN Guideline Ver. 2.2020: low

### ◆代謝と排泄

肝CYP3A、CYP2Cで代謝され、ほとんどが糞便中に排泄される[451]。このため血液透析中の患者へ投与する場合でも用量調節不要と考えられている[244]。尿中にも5%程度は未変化体として排泄される[518]。

## ❖奏効率

### ◆卵巣癌

プラチナ製剤での前治療歴を有する再発卵巣癌に対し、PTX単剤療法（170 mg/m2）を行ったところ、奏効率は37%であった[476]。

プラチナ製剤での前治療歴を有する進行・再発卵巣癌に対し、weekly PTX療法を行ったところ、奏効率は25-28.9%であった[5][239][295]。

### ◆子宮体癌

進行・再発子宮体癌に対し、PTX単剤療法（210 mg/m2）を行ったところ、奏効率は30.4%であった[197]。

4.3 タキサン系製剤

進行・再発子宮体癌に対し、weekly PTX 療法を行ったところ、奏功率は 26.7% であった[201]。

### ◆子宮頸癌

前薬物療法暦を有さない進行子宮頸部扁平上皮癌に対し、PTX 単剤療法(170 mg/m2)を行ったところ、奏功率は 17%であった[307]。

### ◆胚細胞腫瘍

胚細胞腫瘍(精巣)に Second line として PTX 療法を行ったところ、奏功率は 25-26%とされた[47][332]。

## ❖血液毒性以外の重篤な有害事象の例[372]

筋・関節痛(8%)、末梢神経障害(3%)、過敏反応(2%)、心疾患(1%)。

## 4.3.2　Docetaxel（DTX）

### ❖レジメン[123]

#### ◆保険適用

卵巣癌、子宮体癌

#### ◆投与方法

投与量：70 mg/m2/day
溶解液：生理食塩液又は5%ブドウ糖液
投与時間：1時間
投与間隔：3-4週間
投与回数：6 cycle

　DTXの製品はエタノールに溶解してあるが、アルコール不耐性の患者への対策をとることもできる[123]。
　アメリカでは高用量でのweekly DTX療法も行われる[36][152][179][378]。

#### ◆減量基準[122]

以下のいずれかの場合、次サイクルで投与量を25%減量する。
(1)好中球 500 /mm3 以下が7日以上続く。
(2)発熱性好中球減少症
(3)Grade 4の感染症

以下のいずれかの場合は投与を中止する。
(1)血清総ビリルビン値が正常上限を超える。
(2)血清Transaminaseが正常上限の1.5倍以上、かつALPが正常上限の2.5倍以上。(ALPが上昇しなくとも血清Transaminaseが正常上限の1.5倍以上でGrade 4の副作用発生リスクは高まる。)

#### ◆禁忌

4.3 タキサン系製剤

1. 重篤な骨髄抑制のある患者。
2. 感染症を合併している患者。
3. 発熱を有し感染症の疑われる患者。
4. 本剤又はポリソルベート 80 含有製剤に対し重篤な過敏症の既往歴のある患者。
5. 妊婦又は妊娠している可能性のある患者。

◆Emetic risk

ASCO Guideline 2017: low
NCCN Guideline Ver. 2.2020: low

◆代謝と排泄

肝 CYP3A4、CYP3A5 で代謝され、糞便中に排泄される[444]。

❖奏効率

◆卵巣癌

プラチナ製剤での前治療歴を有する再発卵巣癌に対し、DTX 単剤療法を行ったところ、奏功率は 28%であった[231]。

PTX 抵抗性の卵巣癌であっても DTX には感受性を有する場合がある。PTX 抵抗性の卵巣癌に対する DTX 単剤療法の奏功率は 22.4%-23%であった[413][500]。

プラチナ抵抗性進行・再発卵巣癌に対し、weekly DTX 療法を行ったところ、奏功率は 6.9%であった[2]。

◆子宮体癌

進行・再発子宮体癌に対し、DTX 単剤療法を行ったところ、奏功率は 31%であった[230]。

進行・再発子宮体癌に対し、weekly DTX 療法を初回治療として行ったところ、奏功率は 21%であった[179]。

4 単剤薬物療法レジメン

　　　TC(PTX ＋ CBDCA)療法などの前治療暦を有する進行・再発子宮体癌に対し、weekly DTX療法を行ったところ、奏功率は7.7%であった[152]。

◆子宮頸癌

　　　進行・再発子宮頸部扁平上皮癌に対し、DTX単剤療法を行ったところ、奏功率は8.7%であった[153]。

　　　進行・再発子宮頸部扁平上皮癌に対し、weekly DTX療法を行ったところ、奏功率は0%であった[378]。

❖ **血液毒性以外の Grade 3/4 の有害事象の例[230]**

　　　食欲不振(18%)、便秘(12%)、下痢(9%)、倦怠感(9%)、嘔吐(9%)、嘔気(6%)、末梢神経障害(6%)、胃炎(3%)、浮腫(3%)、不整脈(3%)。

## 4.4 トポイソメラーゼ阻害薬

### トポイソメラーゼ I と II

　細胞が増殖するためには、DNA を合成・複製する必要がある。トポイソメラーゼは、DNA 合成に必要な酵素である。したがってトポイソメラーゼ阻害薬は細胞の増殖を阻害する。

　DNA 合成時には、二重らせんがほどかれるが、この時に立体構造にひずみが生じる。このひずみ解消のため、トポイソメラーゼ I は DNA の 1 本鎖を切断する。そしてもう一方の鎖がこの切断部分を通過する[418]。トポイソメラーゼ II は、DNA の 2 本鎖を切断し、別な 2 本鎖がこの切断部分を通過する[553]。その後、トポイソメラーゼは切れた DNA 鎖を再結合する。

　Irinotecan、Topotecan、Etoposide はトポイソメラーゼ I 阻害薬である。Doxorubicin と PLD はトポイソメラーゼ II 阻害薬である（DNA polymerase なども阻害する）。

## 4.4.1　Irinotecan（CPT-11）

### ❖レジメン[73]

#### ◆保険適用

卵巣癌、子宮頸癌

#### ◆投与方法

**A法**
投与量：100 mg/m2
投与間隔：7日 × 3-4回 → 2週休薬

**B法**
投与量：150 mg/m2
投与間隔：2週 × 2-3回 → 3週休薬

**A法B法共通**
溶解液：500 ml以上の生理食塩液、ブドウ糖液または電解質維持液
投与時間：90分
投与回数：6 cycle[299]

添付文書上は上記だが、通常はA法（100 mg/m2）はDay 1、Day 8、Day 15で投与し、1週休薬する[299]。

#### ◆減量基準[2]

有害事象の状況により25 mg/m2ずつ減量する。
以下の(1)-(3)の場合には投与しない。
(1)血清総ビリルビン2 mg/dl以上。
(2)肝転移なく、Transaminaseが正常上限の3倍を超える。
(3)肝転移があり、Transaminaseが正常上限の5倍を超える。

#### ◆禁忌

## 4.4 トポイソメラーゼ阻害薬

1. 骨髄機能抑制のある患者。
2. 感染症を合併している患者。
3. 下痢(水様便)のある患者。
4. 腸管麻痺、腸閉塞のある患者。
5. 間質性肺炎又は肺線維症の患者。
6. 多量の腹水、胸水のある患者。
7. 黄疸のある患者。
8. アタザナビル硫酸塩を投与中の患者。
9. 本剤の成分に対し過敏症の既往歴のある患者。

### ◆Emetic risk

ASCO Guideline 2017: moderate
NCCN Guideline Ver. 2.2020: moderate

### ◆代謝と排泄

**図 4-6 CPT-11 の代謝と排泄**

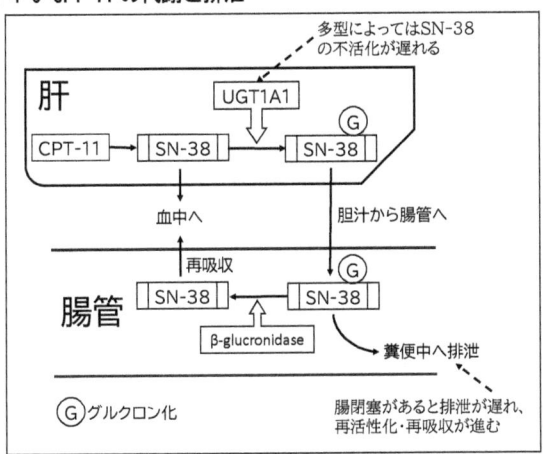

CPT-11 はプロドラッグであり、CPT-11 が肝で代謝された SN-38 にトポイソメラーゼ I 阻害作用がある。SN-38 は肝臓の UDP グルクロン酸転移酵素(UGT1A1)によってグルクロン化され、胆汁から糞便中に排出される(図 4-6)[315]。UGT1A1 の多型によっては、SN-38 の排出が遅れ、副作用が強く出ると考える研究者もいる[181][528][539]。

胆汁から糞便に排出されたグルクロン化 SN-38 の一部は、再活性化されて腸管から再吸収される。このため、黄疸や腸閉塞のある患者では SN-38 の排出が遅れて再吸収が増え、副作用が強く出ると考えられている。

## 4 単剤薬物療法レジメン

### ❖コンパニオン診断

#### ◆UGT1A1

UDP グルクロン酸転移酵素遺伝子多型検査が CPT-11 投与患者を対象に保険適用となっている(D006-7)。広い意味でのコンパニオン診断と言ってよいと思われる。

UGT1A1 の多型によっては CPT-11 投与によって副作用が強く出る可能性があると考える研究者もいる[181][528][539]。UGT1A1*6 か UGT1A1*28 の一方がホモ(*6/*6 または*28/*28)であるか、両者がヘテロ(*6/- および *28/-)である場合、CPT-11 による Grade 3 以上の好中球減少や遅発性下痢の発現率が高くなるとされている。

大腸癌の治療では UDP グルクロン酸転移酵素遺伝子 UGT1A1 の多型に基づいた dose escalation が試みられている[483]。これらの遺伝子多型があっても CPT-11 を減量しない施設もある[301]。

### ❖奏効率

#### ◆卵巣癌

TC(PTX + CBDCA)療法などの初回治療抵抗性卵巣癌に対し、CPT-11 単剤療法を行ったところ、奏功率は 29%であった[299]。

#### ◆子宮体癌

薬物療法歴を有する進行子宮体癌に対し、CPT-11 単剤療法を行ったところ、奏効率は 36.4%であった[349]。

#### ◆子宮頸癌

子宮頸部扁平上皮癌の second line として CPT-11 単剤療法を行ったところ、奏効率は 21%であった[499]。
子宮頸部扁平上皮癌に初回治療で放射線治療を行っている場合、残存・再発腫瘍が照射部位以外にある場合には奏効率は 15.7%であったが、照射部位に腫瘍が残存・再発している場合には 0%であった[267]。

## 4.4 トポイソメラーゼ阻害薬

### ❖CPT-11 による下痢

#### ◆早発性下痢

　CPT-11 およびその肝代謝産物は、腸管より再吸収されるが、この時に腸管上皮が障害されて下痢を発症する。腸管内腔をアルカリ性にすることで、この再吸収が抑制され、腸管上皮の障害が緩和されるとの報告がある[243][438][469]。このため、CPT-11 投与前日から 4 日間程度、酸化マグネシウム(1.5 g 分 3、食後)、および炭酸ナトリウム(1.5 g 分 3、食後 2 時間後)を投与する方法が有効との報告がある[243][438]。

#### ◆遅発性下痢

　ロペミン®などの止痢薬で対処する[438]。半夏瀉心湯の投与は、CPT-11 による下痢の発生頻度は減少させなかったが、その程度は軽減させたとの報告がある[330]。

## 4.4.2　Topotecan, Nogitecan（TOP）

### ❖レジメン[463]

#### ◆保険適用

がん薬物療法後に増悪した卵巣癌、進行又は再発の子宮頚癌

#### ◆投与方法

**卵巣癌に対する投与方法**
投与量：1.5 mg/m2/day × 5 days
溶解液：100 ml の生理食塩液
投与時間：30 分
投与間隔：21 日（5 日間連続投与後、16 日間休薬）

**子宮頚癌に対する投与方法**
投与量：0.75 mg/m2/day × 3 days
溶解液：100 ml の生理食塩液
投与時間：30 分
投与間隔：21 日（3 日間連続投与後、18 日間休薬）

#### ◆卵巣癌治療時の投与基準と減量基準[462]

投与時に以下の場合に投与可能とする
- 好中球 > 1,000/μl
- Plt > 100,000/μl
- Hb > 9.0 g/dl

以下のいずれかの場合、1.25 mg/m2 に減量する。
- 好中球 < 500/μl
- 発熱性好中球減少症を発症
- TOP 投与期間中に plt < 25,000/μl

ただし、前治療でプラチナ製剤を 6 cycle 以上行っている場合や高齢者では、上記基準を満たさなくても初回から 1.25 mg/m2 に減量する[24]。

4.4 トポイソメラーゼ阻害薬

**以下の場合、0.75 mg/m2 に減量する**
クレアチニンクリアランス = 20-39 ml/min

### ◆禁忌

1. 重篤な骨髄抑制のある患者
2. 重篤な感染症を合併している患者
3. 妊婦又は妊娠している可能性のある患者
4. 授乳中の患者
5. 本剤の成分に対し過敏症の既往歴のある患者

### ◆Emetic risk

ASCO Guideline 2017: low
NCCN Guideline Ver. 2.2020: low

### ◆代謝と排泄

ほとんどが代未変化体として主として尿中に、一部糞便中に排泄される[191]。

## ❖奏効率

### ◆卵巣癌

プラチナ製剤による前治療暦のある卵巣癌を対象に、TOP 単剤療法と PTX 単剤療法を比較したところ、奏功率は前者で 20.5%、後者で 13.2%であった [548][549]。また、PFS(Progression free survival)中央値は、前者で 32 週、後者で 20 週であった。これらに有意差はなかった。

### ◆子宮頚癌

進行・再発子宮頚癌に対する TOP weekly 投与法の奏効率は、0%であった [102][141]。

## 4 単剤薬物療法レジメン

### ❖ 血液毒性以外の Grade 1/2 の有害事象の例[549]

　　Grade 3 以上の有害事象を認めなかった。Grade1/2 の嘔気、嘔吐、下痢、便秘を認めた。

## 4.4.3 Etoposide (VP-16)

### ❖レジメン[493]

#### ◆保険適用

絨毛性疾患、胚細胞腫瘍。

#### ◆投与方法

投与量、投与間隔：60-100 mg/m2/day × 5 日間 → 3 週間休薬
溶解液：生理食塩液(100 mg/ 250 ml)
投与時間：30 分

#### ◆減量基準と総投与量の注意

**減量基準[492]**
クレアチニンクリアランスが 15-50 ml/min の場合、25%減量する。

**総投与量の注意**
VP-16 の総投与量が増えるにつれ白血病などの 2 次性発がんのリスクが高まる。総投与量が 2 g/m2 を超えると、とくにリスクが高くなるとされる[212][380]。VP-16 の総投与量の中央値が 4.9-5 g/m2 と高用量である精巣腫瘍治療群では、2 次性発がんの発症は 0.48-1.3%であった[246][380]。

#### ◆禁忌

1. 重篤な骨髄抑制のある患者
2. 本剤に対する重篤な過敏症の既往歴のある患者
3. 妊婦又は妊娠している可能性のある女性

#### ◆Emetic risk

ASCO Guideline 2017: low
NCCN Guideline Ver. 2.2020: low

## 4 単剤薬物療法レジメン

### ◆代謝と排泄

尿中にも糞便中にも排出される[492]。尿中には未変化体として排出される[183]。

## ❖奏効率

### ◆卵巣癌

プラチナ抵抗性再発卵巣癌に対するVP-16経口投与の奏功率は18-26.8%で、Platinum free survival 中央値は5.7ヶ月であった[414]。
プラチナ感受性再発卵巣癌に対するVP-16経口投与の奏功率は34.1%で、Platinum free survival 中央値は6.3ヶ月以上であった[414]。被験者99名中、1名で白血病が発生した。

### ◆子宮頸癌

進行子宮頸癌に対し、VP-16経口投与を行ったところ、毒性のため被験者24名中、7名が1コース目を完遂できず、8名が1コースしか完遂できなかった[415]。1コース以上完遂できた17名の子宮頸癌に対する奏功率は11.8%であった。他の報告では奏功率は9.1%であった[331]。

### ◆絨毛性腫瘍

低リスク〜高リスクの絨毛性腫瘍に対するVP-16単剤療法の奏功率は67%であった[199]。

4.4 トポイソメラーゼ阻害薬

## 4.4.4　Doxorubicin（DXR）

### ❖レジメン[112]

#### ◆保険適用

子宮体癌（術後化学療法、転移・再発時化学療法）、悪性軟部腫瘍

#### ◆投与方法

**子宮体癌に対する投与方法**
AP療法として使用する。
**悪性軟部腫瘍（平滑筋肉腫を含む）に対する投与方法**
IFM/DXR併用療法として使用する。

単剤での使用は保険適用外であるが、子宮肉腫に対して投与することもある。その場合、75 mg/m2を3週毎に点滴静注する[435]。

#### ◆減量基準と総投与量の注意

**減量基準**
血清ビリルビン値によって以下のように減量する[111]。
　　1.2-3.0 mg/dl：50%減量する。
　　3.1-5.0 mg/dl：75%減量する。
　　5.0 mg/dlを超える：投与中止。

**総投与量の注意**
　添付文書上はDXRの総投与量は500 mg/m2以下とされている[112]。
　DXRの総投与量が増えるにつれ心障害発生のリスクが高くなる[461]。総投与量が300 mg/m2(AP療法として5 cycle相当)で16.2%、500 mgで53.9%に何らかの心障害が発生する。うっ血性心不全の発症頻度は、総投与量が500 mg/m2で15.7%である。高齢者(65歳以上)では、400 mg/m2以上でうっ血性心不全のリスクが高くなる。
　DXRにはミトコンドリアの機能を抑制する効果があるため、ミトコンドリアが豊富な心筋細胞が障害を受ける[140][365]。そのため、DXR使用中は適宜、心エコーや心電図検査が必要である。

## 4 単剤薬物療法レジメン

### ◆禁忌

1. 心機能異常又はその既往歴のある患者
2. 本剤の成分に対し重篤な過敏症の既往歴のある患者

### ◆Emetic risk

ASCO Guideline 2017: moderate
NCCN Guideline Ver. 2.2020: moderate-high

### ◆代謝と排泄

肝で代謝され、主として糞便中に、一部は尿中に排泄される[111]。

## ❖奏効率

### ◆子宮体癌

　前治療でTC療法などを行っている進行・再発子宮体癌にDXR単剤療法を行った場合の奏功率は0%であった[291]。
　前治療が放射線治療などの子宮体癌にDXR療法を行った場合、奏功率は17%で、DP療法の43%に及ばなかった[551]。

4.4 トポイソメラーゼ阻害薬

## 4.4.5 Pegylated Liposomal Doxorubicin (PLD)

### ❖レジメン[370]

#### ◆保険適用

白金製剤を含む薬物療法施行後に増悪した卵巣癌

#### ◆投与方法

投与量：50 mg/m2/day
溶解液：
　　投与量 90 mg 未満：5％ブドウ糖液 250 ml
　　投与量 90 mg 以上：5％ブドウ糖液 500 ml
投与速度：1 mg/分
投与間隔：28 日

#### ◆減量基準と総投与量の注意

**減量基準**

血清ビリルビン値
1.2-3.0 mg/dl：25％減量する。
3.0 mg/dl を超える：投与中止を考慮する。

Grade 3 以上の非血液毒性有害事象
　Grade 0 となるまで最大 2 週間休薬し、25％減量して再開する。Grade 0 にならなければ中止する。

**総投与量の注意**

　PLD の総投与量が、450 mg/m2（9 cycle 相当）を超えると 11％に心筋障害（left ventricular ejection fraction の低下）が見られる[369]。心エコーや心電図検査が適宜必要である。

## 4 単剤薬物療法レジメン

### ◆禁忌

従来のドキソルビシン塩酸塩製剤又は本剤の成分に対して過敏症の既往歴のある患者。

### ◆Emetic risk

ASCO Guideline 2017: low
NCCN Guideline Ver. 2.2020: low

### ◆代謝と排泄

DXR と同様に肝で代謝され、主として糞便中に、一部は尿中に排泄されると考えられる。

### ❖血液毒性以外の Grade 3/4 の有害事象の例[337]

手足症候群(10.4%)、嘔気・嘔吐(4.2%)、粘膜炎(3.1%)、便秘(2.1%)、呼吸困難(1%)、倦怠感(1%)、末梢神経障害(1%)、発疹(1%)。

### ❖心毒性が少なく手足症候群が多い理由[140]

DXR と比較して PLD はリポソーム化されることにより心毒性が有意に軽減している[354]。

正常組織の血管内皮の間隙は、20 nm 以上の大きさの粒子を通過させない。しかし、固型腫瘍の新生血管では、このバリアが破綻しており、100 nm 以上の粒子でも内皮間隙を通過させる。そこで、DXR を人口リポソームでコートし、粒子サイズを 65-100 nm 程度にしたものが、PLD である。これにより、通常の DXR とは異なり、PLD は正常組織には浸透しにくく、腫瘍組織で浸透しやすくなる。この結果、DXR に比べて PLD の心毒性は軽減する。しかし、リポソームは皮膚や粘膜に蓄積する。このため、PLD によって手足症候群や口内炎などの粘膜炎が発生する。

# 4.5 核酸合成経路阻害薬

## デオキシリボヌクレオチドからの核酸合成阻害

**図 4-7 核酸合成経路とその阻害**

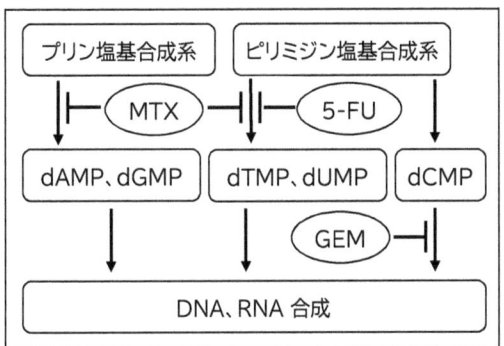

　DNA や RNA の合成は、デオキシリボヌクレオチドである dAMP、dGMP、dCMP、dTMP、dUMP が重合して行われる(図 4-7)。

　GEM の代謝産物は、dCMP の代わりに DNA 鎖に入り込み、DNA 合成を阻害する[316][489]。MTX は葉酸からの dTMP の合成を阻害し、さらにこれとは別の経路で dAMP や dGMP といったプリン塩基合成も阻害する[33][57]。5-FU の代謝産物は dTMP の合成を阻害する[277]。Tegafur-Uracil は体内で 5-FU に代謝されて作用する[473]。

## 4.5.1　Gemcitabine（GEM）

### ❖レジメン[149]

#### ◆保険適用

がん薬物療法後に増悪した卵巣癌

#### ◆投与方法

投与量：1000 mg/m2
溶解液：生理食塩液 100 ml
投与時間：30 分
投与間隔：1 回/週×3 週→1 週休薬

#### ◆減量基準[148]

骨髄抑制の程度などにより 800 mg/m2 に減量する。

#### ◆禁忌

1. 高度な骨髄抑制のある患者。
2. 胸部単純 X 線写真で明らかで、かつ臨床症状のある間質性肺炎又は肺線維症のある患者。
3. 胸部への放射線療法を施行している患者。
4. 重症感染症を合併している患者。
5. 本剤の成分に対し重篤な過敏症の既往歴のある患者。
6. 妊婦又は妊娠している可能性のある女性。

#### ◆Emetic risk

ASCO Guideline 2017：low
NCCN Guideline Ver. 2.2020：low

#### ◆代謝と排泄

## 4.5 核酸合成経路阻害薬

細胞内でリン酸化されて活性型となった後、cytidine deaminase(CDA)で代謝され、尿中に排泄される[457]。CDAの遺伝子多型によってはGEMのclearanceが低下し、毒性が強く出ることがあるとの報告がある[456][457]。

## ❖ 奏効率

### ◆ 卵巣癌

プラチナ製剤抵抗性卵巣癌に対するGEM単剤療法の奏功率は6.1%であった[337]。

### ◆ 子宮体癌

進行・再発子宮体癌に対してGEM単剤療法の効果を調べたところ、奏功率は4%-10.9%でPFS中央値は1.7-3ヶ月であった[176][464]。

## ❖ 血液毒性以外のGrade 3/4の有害事象の例[337]

嘔気・嘔吐(12%)、倦怠感(11%)、便秘(3%)、下痢(1%)、呼吸困難(1%)、粘膜炎(1%)。

4 単剤薬物療法レジメン

## 4.5.1　Methotrexate（MTX）

### ❖レジメン

◆保険適用

絨毛性疾患（絨毛癌、破壊胞状奇胎、胞状奇胎）。

◆投与方法

投与量：10-30 mg/day × 5 日間 → 7-12 日間休薬
投与方法：静脈内、髄腔内又は筋肉内に注射[282]、または経口[281]

Dose を微妙に調整する場合は、MTX 0.4 mg/kg/day で投与する[333]。

保険適用ではないが、異所性妊娠に対する投与法（Single dose 法[274][455][497]、Two dose 法[29]）もある。Single dose 法も Two dose 法も成功率は 90％程度であるが、meta-analysis では、どちらかと言えば、Two dose 法の方が成功する可能性が高いとされた[16]。

◆禁忌

1. 本剤の成分に対し重篤な過敏症の既往歴のある患者
2. 肝障害のある患者
3. 腎障害のある患者
4. 胸水、腹水などのある患者

◆Emetic risk

ASCO Guideline 2017: low
NCCN Guideline Ver. 2.2020: minimal

◆排泄

ほぼ全てが尿中に排泄される[33]。これにより尿は酸性となる。

## 4.5 核酸合成経路阻害薬

### ❖ 奏効率

#### ◆絨毛性疾患

リスクの低い絨毛性疾患に対し、MTX単剤療法を行ったところ、完全奏功率は68%であった[333]。

### ❖ Grade 2の有害事象の例[333]

Grade 2の有害事象として、骨髄抑制、嘔気・嘔吐、下痢、便秘、食欲不振、脱毛、倦怠感を認めた。Grade 3以上の有害事象を認めなかった。

## 4.5.2　フッ化ピリミジン誘導体

### ❖レジメン[473][1][2]

#### ◆保険適用

**5-FU 注射**
　子宮頚癌、子宮体癌、卵巣癌

**5-FU 経口**
　子宮頚癌

**Tegafur-uracil**
　子宮頚癌

#### ◆投与方法

**5-FU 注射**
　投与量・投与間隔：
　　（1）5-15 mg/kg/day × 5 days。以後 5-7.5 mg/kg/day 隔日。
　　（2）5-15 mg/kg/day を隔日。
　　（3）5 mg/kg/day × 10-20 days。
　　（4）10-20 mg/kg/day を週1回。
　投与ルート：静注または点滴静注

**5-FU 経口**
　200-300 mg/day 分 1-3。

**Tegafur-Uracil**
　600 mg/day 分 2-3。

#### ◆禁忌

**5-FU 注射・経口**
　1．本剤の成分に対し重篤な過敏症の既往歴のある患者
　2．テガフール・ギメラシル・オテラシルカリウム配合剤投与中の患者及び投与中止後7日以内の患者

## 4.5 核酸合成経路阻害薬

### Tegafur-uracil
1. 重篤な骨髄抑制のある患者
2. 重篤な下痢のある患者
3. 重篤な感染症を合併している患者
4. 本剤の成分に対し重篤な過敏症の既往歴のある患者
5. テガフール・ギメラシル・オテラシルカリウム配合剤投与中の患者及び投与中止後7日以内の患者
6. 妊婦又は妊娠している可能性のある婦人

### ◆Emetic risk

5-FU、Tegafur-uracil いずれも
ASCO Guideline 2017: low
NCCN Guideline Ver. 2.2020: low

### ◆代謝と排泄

Tegafur-uracil は肝 CYP2A6 で代謝されて 5-FU となる[211]。5-FU はほとんどが尿中に排泄される。

## ❖奏効率

### ◆卵巣癌

プラチナ抵抗性卵巣癌に 5-FU(+ leucovorin)を投与したところ、奏功率は 18%であった[398]。

### ◆子宮頸癌

進行・再発子宮頸癌に対する 5-FU の奏功率は 20%であった[172]。

## 4.6 抗腫瘍性抗生物質

---

**抗生物質と Streptomyces**

　*Streptomyces* 属は土壌中に住む細菌であり、抗生物質を産生する。
　Actinomycin は *Streptomyces antibioticus* の培養液から 1940 年に発見された[509]。当初は複数の種類があると考えられ、Actinomycin A、B、C、D などの名称が用いられた。DNA に結合し、RNA polymerase を阻害する[138]。
　Bleomycin は *Streptomyces verticillus* から分離された[490]。DNA に結合し、DNA 鎖を切断する[87]。
　Doxorubicin も抗腫瘍性抗生物質であり、*Streptomyces peucetius var. caesius* の培養液中から発見された[21]。しかし、本書ではトポイソメラーゼ阻害薬に分類した。

## 4.6 抗腫瘍性抗生物質

## 4.6.1　Actinomyocin D (Act-D)

### ❖レジメン[7]

#### ◆保険適用

絨毛上皮腫、破壊性胞状奇胎

#### ◆投与方法

投与量：0.010 mg/kg/day × 5日間、2週間休薬

#### ◆禁忌

1. 本剤の成分に対し過敏症の既往歴のある患者
2. 水痘又は帯状疱疹の患者

#### ◆Emetic risk

ASCO Guideline 2017：記載なし
NCCN Guideline Ver. 2.2020：moderate

#### ◆代謝と排泄[472]

ほとんど代謝されず、長く体内に留まる。ゆっくりと尿中および糞便中に排泄される。

### ❖奏効率

#### ◆絨毛性疾患

絨毛性疾患に対するAct-D単剤療法の完全奏功率は90%であった[333]。
リスクの低い絨毛性疾患に対するMTXとAct-Dの効果を比較した小規模な複数の試験によれば、Act-Dの方が奏効率が高い傾向がみられた[264][333]。し

4 単剤薬物療法レジメン

かし、費用対効果からは、積極的に Act-D を front line とするほどではない、とされた[32][311]。

### ❖ Grade 2 の有害事象の例[333]

Grade 2 の有害事象として、骨髄抑制、嘔気・嘔吐、下痢、便秘、食欲不振、脱毛、倦怠感を認めた。Grade 3 以上の有害事象を認めなかった。

4.6 抗腫瘍性抗生物質

## 4.6.2 Bleomycin (BLM)

### ❖レジメン[26]

#### ◆保険適用

子宮頸癌、胚細胞腫瘍

#### ◆投与方法

投与量：15-30 mg(静注、筋注、皮下注)、5-15 mg(動注)。
溶解液：
　　静注：生理食塩液またはブドウ糖液 5-20 ml。
　　筋注、皮下注：生理食塩液 5 ml。
　　動注：生理食塩液またはブドウ糖液。
投与回数：2 回/week。1 回/day-1 回/week の範囲で適宜増減する。

#### ◆総投与量の注意

添付文書上は、BLM の総投与量は、胚細胞腫瘍では 360 mg まで、その他は 300 mg までとされている[26]。

BLM の総投与量が増えると肺機能が低下する[100][115]。最近の報告では、BLM による肺機能障害は、総投与量だけでなく、腎機能や年齢もリスク因子だとされている[355][447]。BMI < 22 も肺機能障害のリスク因子であるという報告もある[297]。

多変量解析では以下のいずれかの場合に、肺機能障害発生のリスクが高いとされた[355]。

- eGFR <80 以下
- 年齢が 40 歳以上
- 胚細胞腫瘍で臨床進行期 IV 期
- BLM の総投与量が 30 万 IU(≒300 mg)以上

#### ◆禁忌

1. 重篤な肺機能障害、胸部レントゲン写真上びまん性の線維化病変及び著明

な病変を呈する患者
　2．本剤の成分及び類似化合物（ペプロマイシン）に対する過敏症の既往歴のある患者
　3．重篤な腎機能障害のある患者
　4．重篤な心疾患のある患者
　5．胸部及びその周辺部への放射線照射を受けている患者

### ◆Emetic risk

ASCO Guideline 2017: minimal
NCCN Guideline Ver. 2.2020: minimal

### ◆代謝と排泄

**図 4-8 BLMの代謝**

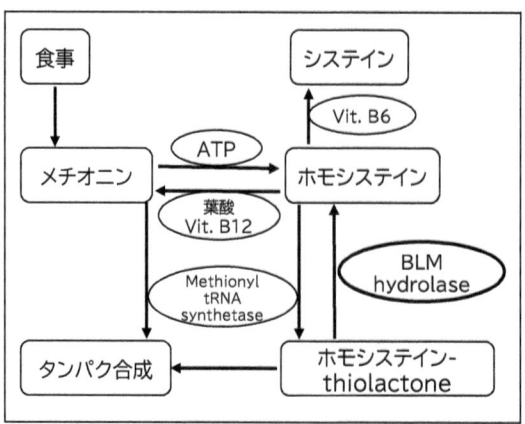

　BLMはBleomycin hydrolaseにより加水分解され、尿中に排泄される（図4-8）[446][544]。
　Bleomycin hydrolaseは、本来はmethyonine/cysteineの代謝経路にあり、生体内で肺と皮膚以外に広く分布している[218][219]。肺と皮膚でこの酵素が乏しいことが、Bleomycinの毒性がこれら臓器で強く出る理由だと考えられている[446]。

## 4.7 アルキル化剤

> **化学兵器から作られた抗がん剤**
>
> アルキル化剤は、DNA塩基(主としてグアニン)とアルキル基で共有結合し、DNA複製を阻害する[426]。
>
> 最初期のアルキル化剤であるマスタードガスは、化学兵器として開発され、第1次世界大戦および1980-1988年のイラン・イラク戦争で使用された[506]。第1次世界大戦では40万人が曝露された。重症の皮膚熱傷性病変を生じさせる。
>
> マスタードガス(sulfur mustard)の硫黄基を窒素基に置き換えたものがナイトロジェンマスタード(nitrogen mustard)である。やはり化学兵器を想定して作成された。その後、その殺細胞効果が着目され、人類最初の抗がん剤として悪性リンパ腫の患者に1946年に使用された[82][150]。
>
> IfosfamideもCyclophosfamideも、ナイトロジェンマスタードから誘導されたアルキル化剤である[303]。

4 単剤薬物療法レジメン

# 4.7.1　Ifosfamide（IFM）

## ❖レジメン[209]

### ◆保険適用

子宮頸癌、再発又は難治性の胚細胞腫瘍、悪性軟部腫瘍

### ◆投与方法

**子宮頸癌に対する投与方法**
投与量：1.5～3 g/day（30-60 mg/kg/day）
溶解液：生理食塩液または注射用水
投与方法：3-5日間連日点滴静注又は静注
投与間隔：3-4週毎

**胚細胞腫瘍に対する投与方法**
　VIP(VP-16 + IFM + CDDP)療法、TIP(PTX + IFM + CDDP)療法などの併用療法で使用する。

**悪性軟部腫瘍に対する投与方法**
　IAP療法などの併用療法で使用する。

### ◆減量基準

　状況により20%減量する[256]。FDA labelでは具体的な数値はあげられていないが、腎機能障害時、肝機能障害時には注意するべきだとの記載がある[208]。

### ◆出血性膀胱炎対策

　IFMやCPAの代謝産物であるacroleinは尿中に排泄され、膀胱粘膜を障害し、出血性膀胱炎の原因となる。Mesnaを投与すると、尿中でacroleinと結合し、無毒化する[303]。
　添付文書上は出血性膀胱炎の予防として以下があげられている。

# 4.7 アルキル化剤

**IFM 投与第 1 日目**
- ●投与の 1 時間前から大量の経口水分摂取を行い、1 日尿量 3000 ml 以上を確保する。
- ●投与終了直後から 2000-3000 ml の輸液を行う。
- ●メスナを使用する。
- ●輸液 1000 ml あたり 40 ml の 7%炭酸水素ナトリウム注射液を混和し、尿のアルカリ化を図る。

**IFM 投与第 2 日目以降**
必要と判断されたら第 1 日目と同様にする。

## ◆禁忌

1. ペントスタチンを投与中の患者
2. 本剤の成分に対し重篤な過敏症の既往歴のある患者
3. 腎又は膀胱に重篤な障害のある患者

## ◆Emetic risk

ASCO Guideline 2017: moderate
NCCN Guideline Ver. 2.2020: high($\geq$ 2 g/m2)、moderate(< 2 g/m2)

## ◆代謝と排泄

肝 CYP3A4 で代謝され、活性型となる[85][283]。尿中に排泄される。

# ❖効果

## ◆子宮頸癌

IFM 単剤療法の奏効率は 30%であった[41]。

## ◆子宮平滑筋肉腫

子宮平滑筋肉腫に対して IFM 単剤療法を行ったところ、2 年無病生存率は 33%であった[256]。

## 4.7.2 Cyclophosfamide (CPA)

### ❖レジメン[71]

#### ◆保険適用

子宮頸癌、子宮体癌、卵巣癌。
(併用療法で)絨毛癌、破壊胞状奇胎、胞状奇胎。

#### ◆投与方法

**単剤での投与方法**
投与量：100 mg/day (200 mg/day まで増量可)
投与方法：連日静注

#### ◆減量基準

クレアチニンクリアランスが 24 以下の場合には毒性に注意が必要だとされる[70]。

#### ◆出血性膀胱炎対策

出血性膀胱炎対策として IFM と同じ方法(「4.7.1 Ifosfamide(IFM)-◆出血性膀胱炎対策」p.120 参照)を用いてもよいと思われる。

#### ◆禁忌

1. ペントスタチンを投与中の患者
2. 本剤の成分に対し重篤な過敏症の既往歴のある患者
3. 重症感染症を合併している患者

#### ◆Emetic risk

ASCO Guideline 2017: moderate or high.

4.7 アルキル化剤

NCCN Guideline Ver. 2.2020: high.

◆**代謝と排泄[85]**

肝 CYP2B6 で代謝されて活性型となる。尿中に排泄される。

## 4.8 その他の抗がん剤

### 海洋生物から単離された抗がん剤

　Eribulinはtubulin重合阻害薬である[217]。Halichondrin Bから誘導された。Halichondrin Bは日本の海岸ではありふれた存在の海綿である *Halichondria (Halichondria) okadai*(クロイソカイメン)から単離された。ちなみにタキサン系製剤は、tubulin「脱重合」阻害薬であり[512]、tubulin「重合」阻害薬であるEribulinとは作用機序が異なる。
　Trabectedinは、カリブ海に住むホヤの一種 *Ecteinascidia turbinata* から抽出された[110]。DNAに結合し、転写を抑制する。

4.8 その他の抗がん剤

## 4.8.1　Eribulin

### ❖ レジメン[128]

#### ◆保険適用

悪性軟部腫瘍

#### ◆投与方法

投与量：1.4 mg/m2/day
投与方法：2-5 分間かけて静注。
投与サイクル：2 週続けて投与、3 週目は休薬。

#### ◆減量基準[433]

患者の状態により、Eribulin を 1.1 mg/m2 または 0.7 mg/m2 に減量する。

#### ◆禁忌

1. 高度な骨髄抑制のある患者
2. 本剤の成分に対し過敏症の既往歴のある患者
3. 妊婦又は妊娠している可能性のある婦人

#### ◆Emetic risk

ASCO Guideline 2017: low
NCCN Guideline Ver. 2.2020: low

#### ◆代謝と排泄[217]

肝 CYP3A4 で代謝され、胆汁中に排泄される。

### ❖ 血液毒性以外の Grade 3/4 の有害事象の例[433]

## 4 単剤薬物療法レジメン

　倦怠感(3%)、末梢神経障害(2%)、背部痛(2%)、呼吸困難(2%)、尿路感染症(2%)、嘔気(1%)、便秘(1%)、発熱(1%)、腹痛(1%)。

4.8 その他の抗がん剤

## 4.8.2　Trabectedin

### ❖レジメン[479]

◆保険適用

悪性軟部腫瘍

◆投与方法

投与量：1.2 mg/m2
溶解液：生理食塩液 500-1000 ml
投与方法：中心静脈から 24 時間点滴静注
休薬期間：20 日間

◆減量基準[234]

以下のいずれかを認める場合に 1 段階減量する。
- 好中球：500/μl 未満が 6 日間持続または発熱を伴う
- 血小板：2.5 万/μl 未満
- T. Bil：1.5 mg/dl 以上
- AST、ALT：投与 21 日目以降に基準値上限の 2.5 倍を超える
- ALP：基準値上限の 2.5 倍を超える

通常投与量：1.2 mg/m2
第 1 段階減量：1.0 mg/m2
第 2 段階原料：0.8 mg/m2（最低投与量）

◆禁忌

1. 本剤の成分に対し重篤な過敏症の既往歴のある患者
2. 妊婦又は妊娠している可能性のある女性

◆Emetic risk

4 単剤薬物療法レジメン

ASCO Guideline 2017: moderate
NCCN Guideline Ver. 2.2020: moderate

◆代謝と排泄[290]

肝 CYP3A4 あるいは CYP3A5 で代謝され、多くは糞便中に排泄される。

## ❖ 血液毒性以外の Grade 3/4 の有害事象の例[190]

ALT 上昇(26%)、AST 上昇(13%)、倦怠感(6%)、嘔気(5%)、嘔吐(5%)、呼吸困難(4%)、食欲不振(2%)、下痢(2%)、便秘(1%)、浮腫(1%)。

# 5 併用薬物療法レジメン

5 併用薬物療法レジメン

# 5.1 CBDCA を含むレジメン

**CBDCA を含むレジメンの emetic risk**

　　ASCO Guideline 2017: moderate
　　NCCN Guideline Ver. 2.2020: moderate

**血液透析中の患者への TC + Bev 療法**

　　血液透析中でも治療可能である(「5.1.1 TC(PTX + CBDCA)+ Bev-❖血液透析中の患者への投与」p.132 参照)。

## 5.1.1 TC（PTX + CBDCA）+ Bev

### ❖レジメン

#### ◆保険適用

**卵巣癌、子宮頸癌。**
　CBDCA は添付文書上は 4 週毎の投与であるため、3 週毎に投与する本法は厳密には保険適用外使用である。

#### ◆投与方法[61][385]

**表 5-1 TC + Bev 療法の投与順と投与量**

| Rp | 抗がん剤 | 投与量 | 投与時間 | 投与日 |
|---|---|---|---|---|
| 1 | PTX | 175 mg/m2 | 3 h | Day 1 |
| 2 | CBDCA | AUC = 5 (or 6) | 1 h | Day 1 |
| 3 | (Bev) | 15 mg/kg | 90-30 min | Day 1 |

**投与周期と回数**
　21 日周期、6 cycle。
　Bev 維持療法を行う場合、Bev 単剤 16 cycle を追加する。

#### ◆その他の投与方法

**表 5-2 Dose dense TC 療法[92][232][510]**

| Rp | 抗がん剤 | 投与量 | 投与時間 | 投与日 |
|---|---|---|---|---|
| 1 | PTX | 80 mg/m2 | 3 h | Day 1、Day 8、Day 15 |
| 2 | CBDCA | AUC = 6 | 1 h | Day 1 |
| 3 | (Bev) | 15 mg/kg | 90-30 min | Day 1 |

　21 日周期、6 cycle。
　Bev 維持療法を行う場合、Bev 単剤 16 cycle を追加する。

**表 5-3 Weekly TC 療法①[92]**

| Rp | 抗がん剤 | 投与量 | 投与時間 | 投与日 |
|---|---|---|---|---|
| 1 | PTX | 80 mg/m2 | 3 h | Day 1、Day 8、Day 15 |
| 2 | CBDCA | AUC = 2 | 1 h | Day 1、Day 8、Day 15 |

　21 日周期、6 cycle。

## 5 併用薬物療法レジメン

### 表 5-4 Weekly TC 療法②[394]

| Rp | 抗がん剤 | 投与量 | 投与時間 | 投与日 |
|---|---|---|---|---|
| 1 | PTX | 60 mg/m2 | 1 h | Day 1、Day 8、Day 15 |
| 2 | CBDCA | AUC = 2 | 1 h | Day 1、Day 8、Day 15 |

毎週投与。18週間投与。

### ◆減量基準

有害事象の出現状況により、20%減量する[394]。Grade 2 の末梢神経障害がみられた場合は 25%減量する[394]。

## ❖血液透析中の患者への投与

PTX は血液透析中の患者へ投与する場合でも用量調節不要と考えられている[244]。CBDCA の投与量は GFR = 0 として Calvert 式で計算する(「4.2.1 Carboplatin(CBDCA)-❖AUC による CBDCA 投与量計算方法とその問題」p.78 参照)。Bev を含む分子標的薬の多くは、血液透析中の患者へ投与する場合でも用量調節不要と考えられている[241]。

## ❖奏効率

### ◆卵巣癌

プラチナ製剤を含む初回治療後 6 ヶ月以上経過しての再発に対する TC 療法の奏効率は 75.6%であった[165]。

TC 療法に Bev を加えることで腹水の産生を抑制したり、腹部消化器症状を改善できる可能性がある[400][454]。

### ◆子宮体癌

再発子宮体癌に対し TC 療法を行ったところ、Platinum free interval が 6-12 カ月の場合に対する奏効率は 43%で、12 カ月以上に対する奏効率は 66%であった[320]。

## ❖血液毒性以外の Grade 3/4 の有害事象の例[385]

## 5.1 CBDCA を含むレジメン

**TC + Bev 療法**
　血栓・塞栓症(7%)、高血圧(6%)、出血(1%)、膿瘍・瘻孔(1%)、消化管穿孔(1%)、タンパク尿(1%)、創傷治癒遅延(1%)、心不全(1%未満)。

**TC 療法**
　血栓・塞栓症(3%)、高血圧(1%未満)、出血(1%未満)、膿瘍・瘻孔(1%)、消化管穿孔(1%未満)、タンパク尿(1%未満)、創傷治癒遅延(1%未満)、心不全(1%未満)。

## 5.1.2　DC（DTX + CBDCA）+ Bev

### ❖レジメン[385][494]

#### ◆保険適用

**卵巣癌**
　CBDCAは添付文書上は4週毎の投与であるため、3週毎に投与する本法は厳密には保険適用外使用である。

#### ◆投与方法

表 5-5 DC + Bev 療法の投与順と投与量

| Rp | 抗がん剤 | 投与量 | 投与時間 | 投与日 |
|---|---|---|---|---|
| 1 | DTX | 70 mg/m2 | 1 h | Day 1 |
| 2 | CBDCA | AUC = 5 | 1 h | Day 1 |
| 3 | (Bev) | 15 mg/kg | 90-30 min | Day 1 |

**投与周期と回数**
　21日周期、6 cycle。
　Bev維持療法を行う場合、Bev単剤 16 cycleを追加する。

#### ◆減量基準

　好中球数などを見て、状況により投与を2週間延期する。また、DTXを60 mg/m2、CBDCAをAUC = 4に減量する。

### ❖血液毒性以外の有害事象の例

**DC療法のGrade 3/4の有害事象の例[494]**
　嘔気(1.7%)、嘔吐(1.5%)、倦怠感(1.5%)、便秘(1.1%)、下痢(1.1%)、腹痛(0.9%)、浮腫(0.7%)、過敏反応(0.6%)、胃炎(0.4%)、感覚神経障害(0.4%)、関節炎(0.2%)、筋肉痛(0.2%)、運動神経障害(0.2%)。

**TC療法とDC療法の有害事象の比較（全grade）[494]**
　TC療法の方が有意に多い有害事象
　関節炎、筋肉痛、感覚神経障害、運動神経障害。

## 5.1 CBDCA を含むレジメン

DC 療法の方が有意に多い有害事象
嘔気、下痢、浮腫、過敏反応、胃炎、味覚障害、爪変化。

## 5.1.3 GC（GEM + CBDCA）+ Bev

### ❖レジメン

#### ◆保険適用

**がん薬物療法後に増悪した卵巣癌**
　　CBDCA は添付文書上は 4 週毎の投与であるため、3 週毎に投与する本法は厳密には保険適用外使用である。

#### ◆投与方法[9][387]

表 5-6 GC + Bev 療法の投与順と投与量

| Rp | 抗がん剤 | 投与量 | 投与時間 | 投与日 |
|---|---|---|---|---|
| 1 | CBDCA | AUC = 4 | 1 h | Day 1 |
| 2 | GEM | 1000 mg/m2 | 30 min | Day 1、Day 8 |
| 3 | (Bev) | 15 mg/kg | 90-30 min | Day 1 |

**投与周期と回数**
　　21 日毎、6-10 cycle。
　　その後に Bev 維持療法を行う場合、Bev 単剤で PD(Progressive Disease)となるまで投与し続ける。

#### ◆減量基準[9][387]

　　Day 8 実施予定日の血液検査結果などによっては、GEM を 50%減量または省略。
　　副作用の発現状況によって、GEM を 800 mg/m2 に減量する（第 1 段階）。さらに、副作用の発現状況によって Day-8 を省略する（第 2 段階）。

### ❖有害事象の例

**GC 療法の血液毒性以外の grade 3/4 の有害事象の例[387]**
　　アレルギー(2.3%)、倦怠感(2.3%)、下痢(1.7%)、感染症(0.6%)、感覚神経障害(1.1%)、運動神経障害(0.6%)、嘔吐(2.9%)。

### 5.1 CBDCAを含むレジメン

**GC + Bev 療法の血液毒性以外の grade 3/4 の有害事象の例[9]**
　高血圧(17.4%)、蛋白尿(8.5%)、中枢神経以外の出血(5.7%)、静脈血栓(4.0%)、動脈血栓(2.8%)、瘻孔・膿瘍形成(any grade、1.6%)、心不全(1.2%)、中枢神経出血(0.8%)、創傷治癒遅延(0.8%)。

　GC + Bev 療法により胃と胸腔の間に瘻孔を形成した、との報告がある[124]。

## 5.1.4　PLD-C（PLD + CBDCA）+ Bev

### ❖レジメン[162][388][402]

#### ◆保険適用

**白金製剤を含む薬物療法施行後に増悪した卵巣癌**
　ただし本法での Bev の使用方法は、保険適用外使用方法である。

#### ◆投与方法

表 5-7 PLD-C + Bev 療法の投与順と投与量

| Rp | 抗がん剤 | 投与量 | 投与時間 | 投与日 |
|---|---|---|---|---|
| 1 | PLD | 30 mg/m2 | 1 h | Day 1 |
| 2 | CBDCA | AUC = 5 | 1 h | Day 1 |
| 3 | (Bev) | 10 mg/kg | 90-30 min | Day 1、Day 15 |

**投与周期と回数**
　28 日毎、6 cycle。
　その後に Bev 維持療法を行う場合、Bev 単剤で PD(Progressive Disease)となるまで投与し続ける。

#### ◆減量基準[162][402]

　患者の状態によって PLD を 5 mg/m2 減量し、CBDCA を AUC = 1 減量する。

### ❖有害事象の例

**PLD-C 療法の Grade 2 の有害事象の例[162][402]**
　倦怠感(36.9%)、嘔気(35.2%)、嘔吐(22.5%)、便秘(21.5%)、粘膜炎(13.9%)、手足症候群(12.0%)、脱毛(7%)、アレルギー(5.6%)、下痢(5.4%)、感覚神経障害(4.9%)、、筋・関節痛(4%)、心血管障害(2.1%)、運動神経障害(1.5%)。
　出血(0.6%)以外の Grade 3/4 の有害事象はなかった。

**PLD-C + Bev 療法の Grade 3/4 の有害事象の例[388]**
　高血圧(28%)、タンパク尿(5%)、静脈血栓症(2%)、心不全(1%)。

## 5.2 CDDP を含むレジメン

**CDDP を含むレジメンの emetic risk**

　　ASCO Guideline 2017: high
　　NCCN Guideline Ver. 2.2020: high

**Hydration の必要性**

　　CDDP を含むレジメンでは、hydration やマグネシウム補充などが必要である（「4.2.2 Cisplatin(CDDP)」p.81 参照）。

## 5.2.1 TP (PTX + CDP) + Bev

### ❖レジメン

#### ◆保険適用

（TP 療法）：卵巣癌、子宮体癌、進行または再発の子宮頸癌、再発または難治性の胚細胞腫瘍
（TP + Bev 療法）：進行または再発の子宮頸癌

#### ◆投与方法[474]

表 5-8 TP + Bev 療法の投与順と投与量

| Rp | 抗がん剤 | 投与量 | 投与時間 | 投与日 |
|---|---|---|---|---|
| 1 | PTX | 175 mg/m2 | 3 h | Day 1 |
| 2 | CDDP | 50 mg/m2 | 1 h | Day 1 |
| 3 | (Bev) | 15 mg/kg | 90-30 min | Day 1 |

　PTX よりも先に CDDP を投与すると、好中球減少がより強く出るとの報告がある[419]。

　PTX 135 mg/m2 を 24 時間で投与する方法もある[326]。

**投与周期と回数**
　21 日毎。
　CR(Complete response)となるか、PD(Progressive disease)となるか、有害事象により続けられなくなるまで継続。

#### ◆減量基準[474]

　患者の状況により表 5-9 のように減量する。

表 5-9 TP 療法の減量基準

|  | PTX | CDDP |
|---|---|---|
| 通常投与量 | 175 mg/m2 | 50 mg/m2 |
| 第 1 段階減量 | 140 mg/m2 | 37.5 mg/m2 |
| 第 2 段階減量 | 105 mg/m2 | 25 mg/m2 |

## 5.2 CDDP を含むレジメン

### ❖奏効率

#### ◆子宮体癌

進行・再発子宮体癌に対する TP 療法(CDDP 75 mg/m2)の奏効率は 67%であった[120]。

### ❖有害事象の例

#### TP 療法の Grade 3/4 の有害事象の例[326]
嘔気・嘔吐(10.1%)、末梢神経障害(3.1%)、皮膚障害(2.4%)、腎機能障害(2.3%)、心障害(1.6%)、発熱(0.8%)、泌尿生殖器障害(0.8%)。

## 5.2.2　DP（DTX + CDDP）

### ❖レジメン

#### ◆保険適用

卵巣癌、子宮体癌

#### ◆投与方法[20][314][352]

表 5-10 DP 療法の投与順と投与量

| Rp | 抗がん剤 | 投与量 | 投与時間 | 投与日 |
|---|---|---|---|---|
| 1 | DTX | 70 mg/m2 | 1 h | Day 1 |
| 2 | CDDP | 60 mg/m2 | 2 h | Day 1 |

　PTX の場合[419]と異なり、DTX より先に CDDP を投与しても毒性は強まらないとの報告がある[397]。

#### 投与周期と回数
　21 日毎または 28 日毎、6 cycle。

#### ◆減量基準

　患者の状況により 20%ずつ減量する[352]。

### ❖奏効率

#### ◆卵巣癌

　進行卵巣癌を対象に初回治療として DP 療法（DTX = 75 mg/m2、CDDP = 75 mg/m2）を行った第 2 相臨床試験によれば、奏効率は 58-69%%で PFS（Progression free survival）は 12-14.4 カ月であった[121][495]。

#### ◆子宮体癌

## 5.2 CDDP を含むレジメン

　進行再発子宮体癌を対象にDP療法、DC(DTX + CBDCA)療法、TC(PTX + CBDCA)療法を比較した第2相臨床試験によれば、奏効率は順に51.7%、48.3%、60.0%で有意差はなかった。また、PFS(Progression free survival)中央値も、順に8.3カ月(232日)、8.5カ月(238日)、10.3カ月(289日)と、有意差を認めなかった[352]。

### ❖血液毒性以外のGrade 3/4の有害事象の例[352]

　食欲不振(16.7%)、下痢(13.3%)、嘔気(10.0%)、アレルギー(3.3%)。

## 5.2.3　AP（DXR + CDDP）

### ❖レジメン

#### ◆保険適用

子宮体癌（術後化学療法、転移・再発時化学療法）

#### ◆投与方法[406]

表 5-11 AP 療法の投与順と投与量

| Rp | 抗がん剤 | 投与量 | 投与時間 | 投与日 |
|---|---|---|---|---|
| 1 | DXR | 60 mg/m2 | 30 min | Day 1 |
| 2 | CDDP | 50 mg/m2 | 1 h | Day 1 |

**投与周期と回数**
28 日毎、8 cycle。
DXR の総投与量が多くなるため、8 cycle 目は CDDP 単剤を投与。

#### ◆減量基準[406]

患者の状況により DXR を 15 mg/m2 ずつ減量する。

### ❖血液毒性以外の Grade 3/4 の有害事象の例[406]

消化器症状(20%)、心障害(15%)、末梢神経障害(7%)、感染症(7%)、発熱(6%)、倦怠感(5-6%)、代謝障害(4-5%)、泌尿生殖器障害(3%)、血管障害(1-2%)、肺障害(1-2%)、皮膚障害(1-2%)、肝障害(1%)、疼痛(1%未満)。

## 5.2.4 CDDP + CPT-11

### ❖レジメン

#### ◆保険適用

卵巣癌、子宮頸癌

#### ◆投与[458][459]

表 5-12 CDDP + CPT-11 療法の投与順と投与量

| Rp | 抗がん剤 | 投与量 | 投与時間 | 投与日 |
|---|---|---|---|---|
| 1 | CPT-11 | 60 mg/m2 | 2 h | Day 1、Day 8、Day 15 |
| 2 | CDDP | 60 mg/m2 | 1 h | Day 1 |

**投与周期と回数**
28 日毎、6 cycle。

他に、CPT-11 70 mg/m2(Day 1、Day 8)、CDDP 70 mg/m2(Day 1)を 21 日毎に投与する方法もある[443]。

#### ◆減量基準[458][459]

患者の状態によっては Day 8、Day 15 を skip する。また、CPT-11 を 50 mg/m2 に減量する。

### ❖奏効率

#### ◆子宮頸癌

進行・再発子宮頸癌に対する初回治療として CDDP + CPT-11 療法を行った第 2 相臨床試験によれば、奏効率は 59%であった[460]。また、他の第 2 相臨床試験によれば、臨床進行期 I-II 期の子宮頸癌に対する CDDP + CPT-11 の奏効率は 80%-86.7%で、III 期では 20%-77%であった[443][458]。

## 5 併用薬物療法レジメン

### ❖血液毒性以外のGrade 3/4の有害事象の例[459]

嘔気(10%)、嘔吐(7.8%)、下痢(7.8%)、食欲不振(7.2%)、感覚神経障害(0.9%)、運動神経障害(0.6%)、筋肉痛(0.3%)、発疹(0.3%)。

## 5.2.5　BEP（BLM + VP-16 + CDDP）

### ❖レジメン

◆保険適用

胚細胞腫瘍

◆投与方法[546]

**表 5-13 BEP（通常投与法）の投与順と投与量**

| Rp | 抗がん剤 | 投与量 | 投与時間 | 投与日 |
|---|---|---|---|---|
| 1 | BLM | 30 mg/body | 30 min | Day 1、Day 8、Day 15 |
| 2 | VP-16 | 120-125 mg/m2 | 3 h | Day 1-5 |
| 3 | CDDP | 20 mg/m2 | 2 h | Day 1-5 |

**表 5-14 BEP（3-day レジメン）の投与順と投与量**

| Rp | 抗がん剤 | 投与量 | 投与時間 | 投与日 |
|---|---|---|---|---|
| 1 | BLM | 30 mg/body | 30 min | Day 1、Day 8、Day 15 |
| 2 | VP-16 | 100 mg/m2 | 3 h | Day 1-3 |
| 3 | CDDP | 33 mg/m2 | 2 h | Day 1-3 |

**投与周期と回数**

21 日毎。
胚細胞腫瘍の good prognosis[213]：3 cycle。
胚細胞腫瘍の intermediate/ poor prognosis[213]：4 cycle。

◆減量基準

　減量は行わない。好中球 1000/μl 未満か、血小板 10 万/μl 未満の場合、投与を延期する[109]。

　卵巣 yolk sac tumor では、BLM を 1 cycle あたり 75%未満に減量するか、VP-16 を 1 cycle あたり 50%未満に減量すると、有意に治療成績が下がるとされる[428]。

　胚細胞腫瘍の good prognosis[213]の場合、BEP 療法 3 cycle と、BEP から BLM を省略した EP 療法 4 cycle でも効果は変わらないとの報告がある[109]。

## 5 併用薬物療法レジメン

BEP から、BLM の Day 8、Day 15 を省略した PEB というレジメンも考案されている[39][437]。

### ❖奏効率

#### ◆卵巣胚細胞腫瘍

卵巣胚細胞腫瘍 204 例を対象とした retrospective study では、BEP 3-day 療法の完全奏功率は 94%であった[86]。

日本の多施設を集積した Retrospective study によれば、卵巣 yolk sac tumor 211 例のうち、53.1%で初回治療として BEP 療法が行われた[428]。他の治療法に比較し、BEP 療法の成績がよかった。

### ❖血液毒性以外の有害事象の例[109]

嘔吐(Grade 2 以上、46%)、皮膚障害(Grade 1 以上、29%)、末梢神経障害(Grade 1 以上、16%)、肺障害(Grade 1 以上、9%)、粘膜炎(Grade 2 以上、6%),腎機能障害(Grade 1 以上、3%)。

## 5.2.6 EP（VP-16 + CDDP）

### ❖レジメン

#### ◆保険適用

胚細胞腫瘍

#### ◆投与方法

**表 5-15 EP 療法（胚細胞腫瘍）の投与順と投与量[109]**

| Rp | 抗がん剤 | 投与量 | 投与時間 | 投与日 |
|---|---|---|---|---|
| 1 | VP-16 | 120-125 mg/m2 | 3 h | Day 1-5 |
| 2 | CDDP | 20 mg/m2 | 2 h | Day 1-5 |

**投与周期と回数**

21 日毎。
胚細胞腫瘍の good prognosis[213]：4 cycle。

**表 5-16 EP 療法（神経内分泌腫瘍）の投与順と投与量（[423]**

| Rp | 抗がん剤 | 投与量 | 投与時間 | 投与日 |
|---|---|---|---|---|
| 1 | VP-16 | 100 mg/m2 | 2 h | Day 1-3 |
| 2 | CDDP | 80 mg/m2 | 1 h | Day 1 |

**投与周期と回数**

21 日毎。
5 cycle 以上。

#### ◆減量基準

減量は行わない。好中球 1000/μl 未満か、血小板 10 万/μl 未満の場合、投与を延期する[109]。

卵巣 yolk sac tumor では、BLM を 1 cycle あたり 75%未満に減量するか、VP-16 を 1 cycle あたり 50%未満に減量すると、有意に治療成績が下がるとされる[428]。

胚細胞腫瘍の good prognosis[213]の場合、BEP 療法 3 cycle と、BEP から

## 5 併用薬物療法レジメン

BLM を省略した EP 療法 4 cycle でも効果は変わらないとの報告がある[109]。

## ❖効果

### ◆神経内分泌癌

初期の子宮頸部小細胞癌において、術後補助化学療法として EP 療法を行う場合の生存率が 65-83%であるのに対し、行わない場合は 20-29%であるとの報告がある[251][545]。

## ❖血液毒性以外の有害事象の例

### 胚細胞腫瘍用レジメンの有害事象の例[109]

嘔吐(Grade 2 以上、45%)、皮膚障害(Grade 1 以上、8%)、粘膜炎(Grade 2 以上、6%)、肺障害(Grade 1 以上、6%)、神経障害(Grade 1 以上、5%)、腎機能障害(Grade 1 以上、1.5%)。

## 5.2.7 TIP (PTX + IFM + CDDP)

### ❖レジメン

◆保険適用

再発又は難治性の胚細胞腫瘍

◆投与方法

表 5-17 TIP 療法の投与順と投与量[247][254]

| Rp | 抗がん剤 | 投与量 | 投与時間 | 投与日 |
|---|---|---|---|---|
| 1 | PTX | 175 mg/m2 | 24 h | Day 1 |
| 2 | IFM | 1.2 g/m2 | 1 h | Day 2-5 |
| 3 | CDDP | 20 mg/m2 | 2 h | Day 2-5 |

**投与周期と回数**

21 日毎、4 cycle。
IFM による出血性膀胱炎対策が必要である(「4.7.1 Ifosfamide(IFM)-◆出血性膀胱炎対策」p.120 参照)。

◆減量基準

減量は行わない。骨髄抑制が強い場合、投与を延期する[254]。

### ❖効果

◆精巣胚細胞腫瘍

BEP(BLM + VP-16 + CDDP)などの前治療歴を有する精巣胚細胞腫瘍に対し、second line として TIP 療法を行ったところ、2 年無病生存率は 65%であった[247]。

### ❖血液毒性以外の有害事象の例[254]

感覚神経障害(grade 2 以上、42%)、嘔気・嘔吐(Grade 3、9%)。

## 5.2.8　IAP（IFM + DXR + CDDP）

### ❖レジメン

#### ◆保険適用

**子宮肉腫**
　IFMとDXRは悪性軟部腫瘍に保険適用がある。DXRとCDDPは子宮体癌に保険適用がある。

#### ◆投与方法

表 5-18 IAP療法の投与順と投与量[375][522]

| Rp | 抗がん剤 | 投与量 | 投与時間 | 投与日 |
|---|---|---|---|---|
| 1 | IFM | 1.2 g/m2 | 1 h | Day 1-5 |
| 2 | DXR | 50 mg/m2 | 30 min | Day 1 |
| 3 | CDDP | 50 mg/m2 | 2 h | Day 1 |

**投与周期と回数**
　21日毎、4 cycle。
　IFMによる出血性膀胱炎対策が必要である（「4.7.1 Ifosfamide(IFM)-◆出血性膀胱炎対策」p.120参照）。

#### ◆減量基準

　患者の状態によりIFMとCDDPを20%減量する[375]。

### ❖効果

#### ◆High-grade endometrial stromal sarcoma

　IAP療法が効果がある可能性がある[272][522][525]。

### ❖血液毒性以外のGrade 3以上の有害事象の例[375]

　嘔気・嘔吐(21%)、腎障害(3%)、化学療法関連死(39名中2名)。

## 5.2 CDDPを含むレジメン

## 5.3 NDPを含むレジメン

### 5.3.1　TN（PTX + NDP）

**❖レジメン**

◆保険適用

卵巣癌、進行又は再発の子宮頚癌

◆投与方法[466]

表 5-19　TN療法の投与順と投与量

| Rp | 抗がん剤 | 投与量 | 投与時間 | 投与日 |
|---|---|---|---|---|
| 1 | PTX | 175 mg/m2 | 3 h | Day 1 |
| 2 | NDP | 80 mg/m2 | 1 h | Day 1 |

**投与周期と回数**
　21日毎、6 cycle。

◆減量基準[466]

患者の状況により表 5-20 のように減量する。

表 5-20　TN療法の減量基準

|  | PTX | NDP |
|---|---|---|
| 通常投与量 | 175 mg/m2 | 80 mg/m2 |
| 第1段階減量 | 150 mg/m2 | 70 mg/m2 |
| 第2段階減量 | 135 mg/m2 | 60 mg/m2 |
| 第3段階減量 | 110 mg/m2 | 50 mg/m2 |

## 5.3 NDP を含むレジメン

### ❖効果

#### ◆卵巣癌

　Retrospective study ではあるが、プラチナ製剤感受性再発に対する TN 療法の効果は、TC 療法と同等だとの報告がある[155]。

#### ◆子宮頸癌

　進行・再発子宮頸癌に対し、TN 療法を行ったところ、奏効率は 44.4%で、PFS (Progression free survival)中央値は 7.5 カ月であった[466]。
　リンパ節転移を有する子宮頸癌の術後補助化学療法として TN 療法を行ったところ、2 年無再発生存率は 79%で 2 年生存率は 93.5%であった[467]。

### ❖血液毒性以外の Grade 3/4 の有害事象の例[466]

　血清クレアチニン値上昇(6.1%)、感染症(4.1%)、筋痛・関節痛(4.1%)、感覚神経障害(2.0%)、アレルギー(2.0%)、食思不振(2.0%)、便秘(2.0%)、倦怠感(2.0%)。

## 5.3.2　NDP + CPT-11

### ❖レジメン

#### ◆保険適用

卵巣癌、子宮頸癌

#### ◆投与方法

表 5-21 NDP + CPT-11 療法の投与順と投与量①[285][286][360]

| Rp | 抗がん剤 | 投与量 | 投与時間 | 投与日 |
|---|---|---|---|---|
| 1 | CPT-11 | 50 mg/m2 | 2 h | Day 1、Day 8、Day15 |
| 2 | NDP | 60 mg/m2 | 1.5 h | Day 1 |

投与周期と回数
　28日毎、6 cycle。

表 5-22 NDP + CPT-11 療法の投与順と投与量②[523]

| Rp | 抗がん剤 | 投与量 | 投与時間 | 投与日 |
|---|---|---|---|---|
| 1 | CPT-11 | 60 mg/m2 | 2 h | Day 1、Day 8 |
| 2 | NDP | 80 mg/m2 | 1.5 h | Day 1 |

投与周期と回数
　21日毎、6 cycle。

#### ◆減量基準[523]

患者の状況により CPT-11 を 10 mg/m2、NDP を 10 mg/m2 減量する。

### ❖効果

#### ◆卵巣癌

臨床進行期Ⅰ期の卵巣明細胞腺癌を対象に NDP + CPT-11（上記のレジメン1)または CDDP + CPT-11 で治療したところ、前者の5年生存率は 58%、後者は

53%で有意差はなかった[286]。再発卵巣癌も同様に比較したところ、PFS (Progression free survival)中央値が NDP + CPT-11 治療群で6ヶ月、CDDP + CPT-11 治療群で4ヶ月と、有意差を認めなかった[286]。しかし、血液毒性、非血液毒性ともに NDP + CPT-11 よりも CDDP + CPT-11 の方が有意に多かった。

### ◆子宮頸癌

NDP + CPT-11 の子宮頸癌に対する奏効率は 38.5-59%であった [286][485][523]。臨床進行期 Ib2、IIa、IIb 期を対象にした NAC(Neoadjuvant chemotherapy)としてデザインされた臨床試験 JGOG1065 によれば、NDP + CPT-11(上記のレジメン 2)の奏効率は 75.8%で、95.5%がその後の広汎子宮全摘術を完遂できた[285]。

## ❖血液毒性以外の Grade 3/4 の有害事象の例[285]

下痢(6.1%)、嘔気(3%)、食欲不振(1.5%)、嘔吐(1.5%)、発熱(1.5%)、アレルギー(1.5%)、腸閉塞(1.5%)、瘻孔形成(1.5%)。

# 5.4 白金製剤を含まないレジメン

## 5.4.1 PTX/PLD/TOP+Bev

### ❖レジメン

◆保険適用

（がん薬物療法後に増悪した）卵巣癌。
　　PTX + Bev の本法での使用方法は厳密には保険適用外使用である。

◆投与方法[400][454]

表 5-23 PTX + Bev 療法の投与順と投与量

| Rp | 抗がん剤 | 投与量 | 投与時間 | 投与日 |
|---|---|---|---|---|
| 1 | PTX | 80 mg/m2 | 1 h | Day 1、Day 8、Day 15、Day 22 |
| 2 | Bev | 10 mg/kg | 90-30 min | Day 1、Day 15 |

28 日周期。

表 5-24 PLD + Bev 療法の投与順と投与量

| Rp | 抗がん剤 | 投与量 | 投与時間 | 投与日 |
|---|---|---|---|---|
| 1 | PLD | 40 mg/m2 | 90 min | Day 1 |
| 2 | Bev | 10 mg/kg | 90-30 min | Day 1、Day 15 |

28 日周期。

表 5-25 TOP + Bev 療法の投与順と投与量

| Rp | 抗がん剤 | 投与量 | 投与時間 | 投与日 |
|---|---|---|---|---|
| 1 | TOP | 1.25 mg/m2 | 30 min | Day 1-5 |
| 2 | Bev | 15 mg/kg | 90-30 min | Day 1 |

21 日周期。

5.4 白金製剤を含まないレジメン

◆Emetic risk

ASCO Guideline 2017: low
NCCN Guideline Ver. 2.2020: low

❖血液毒性以外のGrade 3/4の有害事象の例[400]

　高血圧(7%)、静脈血栓(3%)、動脈血栓(2%)、蛋白尿(2%)、消化管穿孔(2%)、瘻孔・膿瘍形成(1%)、出血(1%)、可逆性白質脳症候群(1%)、うっ血性心不全(1%)。

## 5.4.2　GD（GEM + DTX）

### ❖レジメン

#### ◆保険適用

　　肉腫に対して使用されるレジメンであるが、保険適用はない。DTX は子宮体癌に対して保険適用があるが、GEM は卵巣癌にしか保険適用がない。

#### ◆投与方法[189][435]

**表 5-26 GD 療法の投与順と投与量**

| Rp | 抗がん剤 | 投与量 | 投与時間 | 投与日 |
|---|---|---|---|---|
| 1 | GEM | 900 mg/m2 | 30 min | Day 1、Day 8 |
| 2 | DTX | 75 mg/m2 | 1h | Day 8 |

**投与周期と回数**
　21 日周期。
　PD(Progressive disease)となるまで続ける。

#### ◆減量基準[188][189]

　　患者の状態によって以下のように減量する。
　　第 1 段階：全体量を 25%減量。
　　第 2 段階：DTX を省略（血清ビリルビン値が正常上限を超える場合）。
　　第 3 段階：GEM、DTX ともに省略。

　　放射線治療の前治療歴がある場合、GEM を 675 mg/m2 に減量し、DTX を 25%減量する。

#### ◆Emetic risk

　　ASCO Guideline 2017: low
　　NCCN Guideline Ver. 2.2020: low

### ❖血液毒性以外の Grade 3/4 の有害事象の例[188][189]

## 5.4 白金製剤を含まないレジメン

　消化器症状(10%)、浮腫(10%)、倦怠感(9%)、代謝障害(9%)、肺障害(6%)、感染症(4%)、皮膚障害(3%)、疼痛(3%)、発熱(2%)、筋・骨格障害(2%)、嘔気・嘔吐(1%)、肝機能障害(1%)、アレルギー(1%)、神経障害(1%)。

## 5.4.3 EMA/CO

### ❖レジメン

#### ◆保険適用

**絨毛性疾患**
ただし VCR だけは絨毛性疾患に保険適用がない。

#### ◆投与方法[130][345]

表 5-27 EMA/CO 療法の投与順と投与量

| Rp | 抗がん剤 | 投与量 | 投与時間 | 投与日 |
|---|---|---|---|---|
| 1 | MTX | 200 mg/m2 | 12 h | Day 1 |
| 2 | MTX | 100 mg/m2 | 30 min | Day 1 |
| 3 | Act-D | 0.5 mg/body | 15 min | Day 1、Day 2 |
| 4 | VP-16 | 100 mg/m2 | 1 h | Day 1、Day 2 |
| 5 | VCR | 1.0 mg/m2 | 15 min | Day 8 |
| 6 | CPA | 600 mg/m2 | 2 h | Day 8 |

MTX 開始 24 時間後より、Calcium folinate 15 mg を 12 時間毎に計 4 回経口投与する。

**投与周期と回数**
休薬なしで繰り返す。hCG が陰転化してから 3 cycle を追加して終了する[54]。

#### ◆減量基準

減量はしない。患者の状態によっては治療を 1 週間遅らせる[130]。

#### ◆Emetic risk

**EMA cycle**
ASCO Guideline 2017: 記載なし
NCCN Guideline Ver. 2.2020: moderate

## 5.4 白金製剤を含まないレジメン

CO cycle
ASCO Guideline 2017: moderate
NCCN Guideline Ver. 2.2020: moderate

## ❖奏効率

### ◆絨毛性疾患

High riskの絨毛性腫瘍に対し、EMA/CO療法を行ったところ、完全奏効率は71%-78%であった[130]。

## ❖有害事象の例[130][486]

血液毒性以外の重大な有害事象はほとんどみられなかった。脱毛はほぼ全例にみられた。

## 5 併用薬物療法レジメン

# 6 薬物療法の補足事項

6 薬物療法の補足事項

# 6.1 Adverse event

　医療上の有害事象の種類と程度（Grade 1-5 に分類される）は Common Terminology Criteria for Adverse Events (CTCAE)[101]に記載されている。表 6-1 は、多岐にわたる CTCAE(v5.0)に記載された有害事象の数例である。

**表 6-1 有害事象の例**

|  | Grade 2 | Grade 3 | Grade 4 |
|---|---|---|---|
| 貧血 | < 10.0 g/dl | < 8.0 g/dl | 緊急処置を要す |
| 血小板減少 | < 75,000 /mm3 | < 50,000 /mm3 | < 25,000 /mm3 |
| 白血球減少 | < 3,000 /mm3 | < 2,000 /mm3 | < 1,000 /mm3 |
| 好中球減少 | < 1,500 /mm3 | < 1,000 /mm3 | < 500 /mm3 |
| 発熱性好中球減少症 |  | 好中球数<1,000 かつ 38C 以上の発熱が 1 時間超持続または 38.3C 以上の発熱。 | 緊急処置を要す |
| ALT・AST 上昇 | > 3 × ULN | > 5 × ULN | > 20 × ULN |
| ビリルビン増加 | > 1.5 × ULN | > 3 × ULN | > 10 × ULN |
| 慢性腎不全（eGFR or CrCl） | ≦ 59 ml/min/1.73 m2 | ≦ 29 ml/min/1.73 m2 | < 15 ml/min/1.73 m2 |
| 便秘 | 下剤・浣腸の定期的な使用 | 摘便を要す | 緊急の外科的処置を要す |
| 下痢 | 排便回数が 4-6 回/日増える | 排便回数が 7 回/日以上増える | 緊急処置を要す |
| 嘔気 | 食欲低下するが体重減少なし | 入院治療を要す |  |
| 嘔吐 | 外来治療を要す | 入院治療を要す | 生命の危機 |
| 高血圧（もともと正常だった場合） | BPs ≧ 140 or BPd ≧ 90 | BPs ≧ 160 or BPd ≧ 100 | 緊急処置を要す |
| タンパク尿 | ++または+++; ≧ 1.0 g/24h | ++++; ≧ 3.5 g/24h |  |

　LLN:Lower limit of normal、ULN:Upper limit of normal、BPs：収縮期血圧、BPd：拡張期血圧。

# 6.2 Anti-emetics

　Emetic risk によって前投薬を以下のように投与する。本書は emetic risk として ASCO Guideline 2017[195]と NCCN Guideline Ver. 2.2020[339]を記載しているが、前者の premedication は例えば以下のようになっている。

### High emetic risk

以下の 4 剤を全て投与する。
(1)　NK1 receptor antagonist（イメンド®など）
(2)　Serotonin receptor antagonist（カイトリル®、ナゼア®など）
(3)　Dexamethasone（Day 1: 12 mg、Day 2-4: 8 mg/day）
(4)　Olanzapine（Day 1-4: 10 mg/day）

### Moderate emetic risk

CBDCA AUC ≧ 4 を含む場合、以下の 3 剤を全て投与する。
(1)　NK1 receptor antagonist（イメンド®など）
(2)　Serotonin receptor antagonist（カイトリル®、ナゼア®など）
(3)　Dexamethasone 8 mg

CBDCA AUC ≧ 4 を含まない場合、以下の 2 剤を投与する。
(1)　Serotonin receptor antagonist（カイトリル®、ナゼア®など）
(2)　Dexamethasone 8 mg

遅発性嘔気・嘔吐が見られる場合は Dexamethasone を Day 2、Day 3 も投与する。さらに Olanzapine 投与も考慮する。

### Low emetic risk

以下のどちらかを投与する。
(1)　Serotonin receptor antagonist（カイトリル®、ナゼア®など）
(2)　Dexamethasone 8 mg

## 6.3 RECIST と奏効率

　固型腫瘍で薬物療法が奏功しているかどうかは通常は RECIST (Response Evaluation Criteria in Solid Tumors Version 1.10)により判定される[126][432]。おおざっぱに言うと、だいたい以下のような判定となる。

　CR(complete response)：画像的に全ての腫瘍が消失。
　PR(partial response)：標的病変(1-5 個を選択)の腫瘍径和が 30%以上縮小。
　PD(progressive disease)：標的病変の腫瘍径和が 20%以上増加。または新病変出現。
　SD(stable disease)：それ以外。

　腫瘍病変は長径 10 mm 以上、リンパ節病変は短径 15 mm 以上を標的病変とする。
　卵巣癌の場合、CA125 の上限値 2 倍以上が 2 度観測される、または Nadir の 2 倍以上が 2 度観測される場合を PD と言うことも行われている[194][496]。CA125 の 2 度の計測の間隔は問わない。また、胸水や腹水、癌性リンパ管症などの測定不能病変では、腫瘍の体積が 73%以上の増量の場合を PD とする。
　臨床試験では、被験者全体のうちの CR の率を完全奏効率と言い、CR + PR の率を奏効率と言い、CR + PR + SD の率を disease control rate と言う。これらはいずれも、OS とは相関しないことが知られている。しかし、日常臨床では、腫瘍が縮小したか増大したか、画像的に消失したか残存しているか、ということは極めて重要であり、今行っている治療を継続するか、終了するか、変更するか、と言ったことの判断材料となる。

## 6.3 RECIST と奏効率

# 7 参考文献

[1] 5-FU(経口)添付文書. 2019年7月改訂(第16版).
(https://medical.nikkeibp.co.jp/inc/all/drugdic/prd/42/4223003F2038.html).

[2] 5-FU(注射用)添付文書. 2019年7月改訂(第7版).
(https://www.info.pmda.go.jp/go/pack/4223401A3022_1_12/).

[3] Aarnio M, Mecklin JP, Aaltonen LA, Nyström-Lahti M, Järvinen HJ. Life-time risk of different cancers in hereditary non-polyposis colorectal cancer (HNPCC) syndrome. Int J Cancer. 1995;64(6):430-433. doi:10.1002/ijc.2910640613.

[4] Abbaspour Babaei M, Kamalidehghan B, Saleem M, Huri HZ, Ahmadipour F. Receptor tyrosine kinase (c-Kit) inhibitors: a potential therapeutic target in cancer cells. Drug Des Devel Ther. 2016;10:2443-2459. Published 2016 Aug 1. doi:10.2147/DDDT.S89114.

[5] Abu-Rustum NR, Aghajanian C, Barakat RR, Fennelly D, Shapiro F, Spriggs D. Salvage weekly paclitaxel in recurrent ovarian cancer. Semin Oncol. 1997;24(5 Suppl 15):S15-S67.

[6] Abul-Husn NS, Soper ER, Odgis JA, et al. Exome sequencing reveals a high prevalence of BRCA1 and BRCA2 founder variants in a diverse population-based biobank. Genome Med. 2019;12(1):2. Published 2019 Dec 31. doi:10.1186/s13073-019-0691-1.

[7] Act-D添付文書. 2019年4月改訂(第14版).
(https://www.info.pmda.go.jp/go/pack/4233400D1036_3_04/).

[8] Aerts I, Lumbroso-Le Rouic L, Gauthier-Villars M, Brisse H, Doz F. Actualités du rétinoblastome [Retinoblastoma update]. Arch Pediatr. 2016;23(1):112-116. doi:10.1016/j.arcped.2015.09.025.

[9] Aghajanian C, Blank SV, Goff BA, et al. OCEANS: a randomized, double-blind, placebo-controlled phase III trial of chemotherapy with or without bevacizumab in patients with platinum-sensitive recurrent epithelial ovarian, primary peritoneal, or fallopian tube cancer. J Clin Oncol. 2012;30(17):2039-2045. doi:10.1200/JCO.2012.42.0505.

[10] Aghajanian C, Goff B, Nycum LR, Wang YV, Husain A, Blank SV. Final overall survival and safety analysis of OCEANS, a phase 3 trial of chemotherapy with or without bevacizumab in patients with platinum-sensitive recurrent ovarian cancer. Gynecol Oncol. 2015;139(1):10-16. doi:10.1016/j.ygyno.2015.08.004.

[11] Aghajanian C, Sill MW, Darcy KM, et al. Phase II trial of bevacizumab in recurrent or persistent endometrial cancer: a Gynecologic Oncology Group study. J Clin Oncol. 2011;29(16):2259-2265. doi:10.1200/JCO.2010.32.6397.

[12] Akaev I, Yeoh CC, Rahimi S. Update on Endometrial Stromal Tumours of the Uterus. Diagnostics (Basel). 2021;11(3):429. Published 2021 Mar 3. doi:10.3390/diagnostics11030429.

[13] AlHilli M, Elson P, Rybicki L, et al. Undifferentiated endometrial carcinoma: a National Cancer Database analysis of prognostic factors and treatment outcomes. Int J Gynecol Cancer. 2019;29(7):1126-1133. doi:10.1136/ijgc-2019-000465.

[14] Alici S, Saip P, Eralp Y, Aydiner A, Topuz E. Oral etoposide (VP16) in platinum-resistant epithelial ovarian cancer (EOC). Am J Clin Oncol. 2003;26(4):358-362.

doi:10.1097/01.COC.0000020590.62677.E0.

[15] Altrabulsi B, Malpica A, Deavers MT, Bodurka DC, Broaddus R, Silva EG. Undifferentiated carcinoma of the endometrium. Am J Surg Pathol. 2005;29(10):1316-1321. doi:10.1097/01.pas.0000171003.72352.9a.

[16] Alur-Gupta S, Cooney LG, Senapati S, Sammel MD, Barnhart KT. Two-dose versus single-dose methotrexate for treatment of ectopic pregnancy: a meta-analysis. Am J Obstet Gynecol. 2019;221(2):95-108.e2. doi:10.1016/j.ajog.2019.01.002.

[17] Amrhein V, Greenland S, McShane B. Scientists rise up against statistical significance. Nature. 2019;567(7748):305-307. doi:10.1038/d41586-019-00857-9.

[18] Ando Y, Minami H, Saka H, Ando M, Sakai S, Shimokata K. Adjustment of creatinine clearance improves accuracy of Calvert's formula for carboplatin dosing. Br J Cancer. 1997;76(8):1067-1071. doi:10.1038/bjc.1997.509.

[19] Angelico G, Santoro A, Straccia P, et al. Diagnostic and Prognostic Role of WT1 Immunohistochemical Expression in Uterine Carcinoma: A Systematic Review and Meta-Analysis across All Endometrial Carcinoma Histotypes. Diagnostics (Basel). 2020;10(9):637. Published 2020 Aug 26. doi:10.3390/diagnostics10090637.

[20] Aoki D, Watanabe Y, Jobo T, et al. Favourable prognosis with modified dosing of docetaxel and cisplatin in Japanese patients with ovarian cancer. Anticancer Res. 2009;29(2):561-566.

[21] Arcamone F, Cassinelli G, Fantini G, et al. Adriamycin, 14-hydroxydaunomycin, a new antitumor antibiotic from S. peuceticus var. caesius. Reprinted from Biotechnology and Bioengineering, Vol. XI, Issue 6, Pages 1101-1110 (1969). Biotechnol Bioeng. 2000;67(6):704-713. doi:10.1002/(sici)1097-0290(20000320)67:6<704::aid-bit8>3.0.co;2-l.

[22] Arimoto T, Oda K, Nakagawa S, et al. Retreatment with nedaplatin in patients with recurrent gynecological cancer after the development of hypersensitivity reaction to carboplatin. J Obstet Gynaecol Res. 2013;39(1):336-340. doi:10.1111/j.1447-0756.2012.01917.x.

[23] Armstrong DK, Alvarez RD, Bakkum-Gamez JN, et al. Ovarian Cancer, Version 2.2020, NCCN Clinical Practice Guidelines in Oncology. J Natl Compr Canc Netw. 2021;19(2):191-226. Published 2021 Feb 2. doi:10.6004/jnccn.2021.0007.

[24] Armstrong DK. Topotecan dosing guidelines in ovarian cancer: reduction and management of hematologic toxicity. Oncologist. 2004;9(1):33-42. doi:10.1634/theoncologist.9-1-33.

[25] Augustin JG, Lepine C, Morini A, et al. HPV Detection in Head and Neck Squamous Cell Carcinomas: What Is the Issue?. Front Oncol. 2020;10:1751. Published 2020 Sep 15. doi:10.3389/fonc.2020.01751.

[26] BLM添付文書. 2015年8月改訂 38. (https://www.info.pmda.go.jp/go/pack/4234400D4032_1_08/).

[27] Banet N, DeScipio C, Murphy KM, et al. Characteristics of hydatidiform moles: analysis of a prospective series with p57 immunohistochemistry and molecular genotyping. Mod Pathol. 2014;27(2):238-254. doi:10.1038/modpathol.2013.143.

[28] Banet N, Shahi M, Batista D, et al. HER-2 Amplification in Uterine Serous Carcinoma and Serous Endometrial Intraepithelial Carcinoma. Am J Surg Pathol. 2021;45(5):708-715. doi:10.1097/PAS.0000000000001682.

[29] Barnhart K, Hummel AC, Sammel MD, Menon S, Jain J, Chakhtoura N. Use of "2-dose" regimen of methotrexate to treat ectopic pregnancy. Fertil Steril. 2007;87(2):250-256. doi:10.1016/j.fertnstert.2006.06.054.

[30] Baron JH. Sailors' scurvy before and after James Lind--a reassessment. Nutr Rev. 2009;67(6):315-

# 参考文献

332. doi:10.1111/j.1753-4887.2009.00205.x.

[31] Bateman AC. DNA mismatch repair protein immunohistochemistry - an illustrated guide. Histopathology. 2021;79(2):128-138. doi:10.1111/his.14367.

[32] Batman S, Skeith A, Allen A, Munro E, Caughey A, Bruegl A. Cost-effectiveness of second curettage for treatment of low-risk non-metastatic gestational trophoblastic neoplasia. Gynecol Oncol. 2020;157(3):711-715. doi:10.1016/j.ygyno.2020.03.029.

[33] Bedoui Y, Guillot X, Sélambarom J, et al. Methotrexate an Old Drug with New Tricks. Int J Mol Sci. 2019;20(20):5023. Published 2019 Oct 10. doi:10.3390/ijms20205023.

[34] Bennis Y, Savry A, Rocca M, Gauthier-Villano L, Pisano P, Pourroy B. Cisplatin dose adjustment in patients with renal impairment, which recommendations should we follow?. Int J Clin Pharm. 2014;36(2):420-429. doi:10.1007/s11096-013-9912-7.

[35] Benson C, Ray-Coquard I, Sleijfer S, et al. Outcome of uterine sarcoma patients treated with pazopanib: A retrospective analysis based on two European Organisation for Research and Treatment of Cancer (EORTC) Soft Tissue and Bone Sarcoma Group (STBSG) clinical trials 62043 and 62072. Gynecol Oncol. 2016;142(1):89-94. doi:10.1016/j.ygyno.2016.03.024.

[36] Berkenblit A, Seiden MV, Matulonis UA, et al. A phase II trial of weekly docetaxel in patients with platinum-resistant epithelial ovarian, primary peritoneal serous cancer, or fallopian tube cancer. Gynecol Oncol. 2004;95(3):624-631. doi:10.1016/j.ygyno.2004.08.028.

[37] Bev FDA label. (https://dailymed.nlm.nih.gov/dailymed/drugInfo.cfm?setid=939b5d1f-9fb2-4499-80ef-0607aa6b114e).

[38] Bev 添付文書, 2020 年 9 月改訂 (第 3 版)(https://www.info.pmda.go.jp/go/pack/4291413A1022_1_23/).

[39] Billmire DF, Cullen JW, Rescorla FJ, et al. Surveillance after initial surgery for pediatric and adolescent girls with stage I ovarian germ cell tumors: report from the Children's Oncology Group. J Clin Oncol. 2014;32(5):465-470. doi:10.1200/JCO.2013.51.1006.

[40] Binzer-Panchal A, Hardell E, Viklund B, et al. Integrated Molecular Analysis of Undifferentiated Uterine Sarcomas Reveals Clinically Relevant Molecular Subtypes. Clin Cancer Res. 2019;25(7):2155-2165. doi:10.1158/1078-0432.CCR-18-2792.

[41] Blackledge G, Buxton EJ, Mould JJ, et al. Phase II studies of ifosfamide alone and in combination in cancer of the cervix. Cancer Chemother Pharmacol. 1990;26 Suppl:S12-S16. doi:10.1007/BF00685409.

[42] Blagden SP, Cook AD, Poole C, et al. Weekly platinum-based chemotherapy versus 3-weekly platinum-based chemotherapy for newly diagnosed ovarian cancer (ICON8): quality-of-life results of a phase 3, randomised, controlled trial. Lancet Oncol. 2020;21(7):969-977. doi:10.1016/S1470-2045(20)30218-7.

[43] Blay JY, Schöffski P, Bauer S, et al. Eribulin versus dacarbazine in patients with leiomyosarcoma: subgroup analysis from a phase 3, open-label, randomised study. Br J Cancer. 2019;120(11):1026-1032. doi:10.1038/s41416-019-0462-1.

[44] Blythe M, Archibald Cochrane AL. One Man's Medicine: An autobiography of Professor Archie Cochrane. Kindle edition. 2014;ASIN:B00QVSD3FE.

[45] Bodnar L, Wcislo G, Gasowska-Bodnar A, Synowiec A, Szarlej-Wcisło K, Szczylik C. Renal protection with magnesium subcarbonate and magnesium sulphate in patients with epithelial ovarian cancer after cisplatin and paclitaxel chemotherapy: a randomised phase II study. Eur J Cancer. 2008;44(17):2608-2614. doi:10.1016/j.ejca.2008.08.005.

## 参考文献

[46] Bogani G, Ray-Coquard I, Concin N, et al. Uterine serous carcinoma. Gynecol Oncol. 2021;162(1):226-234. doi:10.1016/j.ygyno.2021.04.029.

[47] Bokemeyer C, Beyer J, Metzner B, et al. Phase II study of paclitaxel in patients with relapsed or cisplatin-refractory testicular cancer. Ann Oncol. 1996;7(1):31-34. doi:10.1093/oxfordjournals.annonc.a010473.

[48] Bonneville R, Krook MA, Kautto EA, et al. Landscape of Microsatellite Instability Across 39 Cancer Types. JCO Precis Oncol. 2017;2017:PO.17.00073. doi:10.1200/PO.17.00073.

[49] Bonomi P, Blessing JA, Stehman FB, DiSaia PJ, Walton L, Major FJ. Randomized trial of three cisplatin dose schedules in squamous-cell carcinoma of the cervix: a Gynecologic Oncology Group study. J Clin Oncol. 1985;3(8):1079-1085. doi:10.1200/JCO.1985.3.8.1079.

[50] Booth CM, Eisenhauer EA. Progression-free survival: meaningful or simply measurable?. J Clin Oncol. 2012;30(10):1030-1033. doi:10.1200/JCO.2011.38.7571.

[51] Borden LE, McCuin ES, Sheth PD, Iglesias DA. Rare Case of Mixed Metastatic Placental Site Trophoblastic Tumor and Choriocarcinoma. J Oncol Pract. 2019;15(9):505-506. doi:10.1200/JOP.19.00110.

[52] Boutelle AM, Attardi LD. p53 and Tumor Suppression: It Takes a Network. Trends Cell Biol. 2021;31(4):298-310. doi:10.1016/j.tcb.2020.12.011.

[53] Bower M, Newlands ES, Holden L, et al. EMA/CO for high-risk gestational trophoblastic tumors: results from a cohort of 272 patients [published correction appears in J Clin Oncol 1997 Sep;15(9):3168]. J Clin Oncol. 1997;15(7):2636-2643. doi:10.1200/JCO.1997.15.7.2636.

[54] Braga A, Elias KM, Horowitz NS, Berkowitz RS. Treatment of high-risk gestational trophoblastic neoplasia and chemoresistance/relapsed disease. Best Pract Res Clin Obstet Gynaecol. 2021;74:81-96. doi:10.1016/j.bpobgyn.2021.01.005.

[55] Brahmer JR, Lacchetti C, Schneider BJ, et al. Management of Immune-Related Adverse Events in Patients Treated With Immune Checkpoint Inhibitor Therapy: American Society of Clinical Oncology Clinical Practice Guideline. J Clin Oncol. 2018;36(17):1714-1768. doi:10.1200/JCO.2017.77.6385.

[56] Brown J, Naumann RW, Seckl MJ, Schink J. 15years of progress in gestational trophoblastic disease: Scoring, standardization, and salvage. Gynecol Oncol. 2017;144(1):200-207. doi:10.1016/j.ygyno.2016.08.330.

[57] Brown PM, Pratt AG, Isaacs JD. Mechanism of action of methotrexate in rheumatoid arthritis, and the search for biomarkers. Nat Rev Rheumatol. 2016;12(12):731-742. doi:10.1038/nrrheum.2016.175.

[58] Bryant JP, Levy A, Heiss J, Banasavadi-Siddegowda YK. Review of PP2A Tumor Biology and Antitumor Effects of PP2A Inhibitor LB100 in the Nervous System. Cancers (Basel). 2021;13(12):3087. Published 2021 Jun 21. doi:10.3390/cancers13123087.

[59] Buecher B, Cacheux W, Rouleau E, Dieumegard B, Mitry E, Lièvre A. Role of microsatellite instability in the management of colorectal cancers. Dig Liver Dis. 2013;45(6):441-449. doi:10.1016/j.dld.2012.10.006.

[60] Bulun SE, Wan Y, Matei D. Epithelial Mutations in Endometriosis: Link to Ovarian Cancer. Endocrinology. 2019;160(3):626-638. doi:10.1210/en.2018-00794.

[61] Burger RA, Brady MF, Bookman MA, et al. Incorporation of bevacizumab in the primary treatment of ovarian cancer. N Engl J Med. 2011;365(26):2473-2483. doi:10.1056/NEJMoa1104390.

[62] Burger RA, Sill MW, Monk BJ, Greer BE, Sorosky JI. Phase II trial of bevacizumab in persistent or recurrent epithelial ovarian cancer or primary peritoneal cancer: a Gynecologic Oncology Group

## 参考文献

Study [published correction appears in J Clin Oncol. 2014 Nov 10;32(32):3686]. J Clin Oncol. 2007;25(33):5165-5171. doi:10.1200/JCO.2007.11.5345.

[63] Busca A, Parra-Herran C. Myxoid Mesenchymal Tumors of the Uterus: An Update on Classification, Definitions, and Differential Diagnosis. Adv Anat Pathol. 2017;24(6):354-361. doi:10.1097/PAP.0000000000000164.

[64] Buza N, Hui P. Marked heterogeneity of HER2/NEU gene amplification in endometrial serous carcinoma. Genes Chromosomes Cancer. 2013;52(12):1178-1186. doi:10.1002/gcc.22113.

[65] Béguelin W, Teater M, Gearhart MD, et al. EZH2 and BCL6 Cooperate to Assemble CBX8-BCOR Complex to Repress Bivalent Promoters, Mediate Germinal Center Formation and Lymphomagenesis. Cancer Cell. 2016;30(2):197-213. doi:10.1016/j.ccell.2016.07.006.

[66] CBDCA FDA label(https://dailymed.nlm.nih.gov/dailymed/drugInfo.cfm?setid=b4fa7aac-c9d2-4af4-a281-3e6cfc502ff6).

[67] CBDCA 添付文書. 2018 年 1 月 改訂 18(https://www.info.pmda.go.jp/go/pack/4291403A1088_1_11/).

[68] CDDP FDA label. (https://dailymed.nlm.nih.gov/dailymed/drugInfo.cfm?setid=de6302d5-85f0-4116-a709-57826c2c84fe).

[69] CDDP 添付文書. 2018 年 1 月改訂 32.(https://www.info.pmda.go.jp/go/pack/4291401A1097_1_11/).

[70] CPA FDA label.(https://dailymed.nlm.nih.gov/dailymed/drugInfo.cfm?setid=520bfe39-dfd5-4a20-9a37-80078afded0d).

[71] CPA 添付文書. 2019 年 3 月改訂 第 17 版.(https://www.info.pmda.go.jp/go/pack/4211401D1033_1_18/).

[72] CPT-11 FDA label(https://dailymed.nlm.nih.gov/dailymed/drugInfo.cfm?setid=b66dbd6d-6ccb-ce9d-e053-2995a90a4c3c).

[73] CPT-11 添付文書, 2020 年 11 月改訂（第 5 版）. (https://www.info.pmda.go.jp/go/pack/4240404A1091_1_12/).

[74] Calvert AH, Newell DR, Gumbrell LA, et al. Carboplatin dosage: prospective evaluation of a simple formula based on renal function. J Clin Oncol. 1989;7(11):1748-1756. doi:10.1200/JCO.1989.7.11.1748.

[75] Calvet JH, Feuermann M, Llorente B, Loison F, Harf A, Marano F. Comparative toxicity of sulfur mustard and nitrogen mustard on tracheal epithelial cells in primary culture. Toxicol In Vitro. 1999;13(6):859-866. doi:10.1016/s0887-2333(99)00074-0.

[76] Cancer Genome Atlas Research Network, Kandoth C, Schultz N, et al. Integrated genomic characterization of endometrial carcinoma [published correction appears in Nature. 2013 Aug 8;500(7461):242]. Nature. 2013;497(7447):67-73. doi:10.1038/nature12113.

[77] Cancer Genome Atlas Research Network. Integrated genomic analyses of ovarian carcinoma [published correction appears in Nature. 2012 Oct 11;490(7419):298]. Nature. 2011;474(7353):609-615. Published 2011 Jun 29. doi:10.1038/nature10166.

[78] Cancer Genome Atlas Research Network; Albert Einstein College of Medicine; Analytical Biological Services; Integrated genomic and molecular characterization of cervical cancer. Nature. 2017;543(7645):378-384. doi:10.1038/nature21386.

[79] Cannistra SA, Matulonis UA, Penson RT, et al. Phase II study of bevacizumab in patients with platinum-resistant ovarian cancer or peritoneal serous cancer [published correction appears in J Clin Oncol. 2008 Apr 1;26(10):1773]. J Clin Oncol. 2007;25(33):5180-5186. doi:10.1200/JCO.2007.12.0782.

[80] Castle PE, Pierz A, Stoler MH. A systematic review and meta-analysis on the attribution of human

papillomavirus (HPV) in neuroendocrine cancers of the cervix. Gynecol Oncol. 2018;148(2):422-429. doi:10.1016/j.ygyno.2017.12.001.

[81] Cetin B, Wabl CA, Gumusay O. The DNA damaging revolution. Crit Rev Oncol Hematol. 2020;156:103117. doi:10.1016/j.critrevonc.2020.103117.

[82] Chabner BA, Roberts TG Jr. Timeline: Chemotherapy and the war on cancer. Nat Rev Cancer. 2005;5(1):65-72. doi:10.1038/nrc1529.

[83] Chan JK, Gardner AB, Chan JE, Guan A, Alshak M, Kapp DS. The influence of age and other prognostic factors associated with survival of ovarian immature teratoma - A study of 1307 patients. Gynecol Oncol. 2016;142(3):446-451. doi:10.1016/j.ygyno.2016.07.001.

[84] Chang S, Yim S, Park H. The cancer driver genes IDH1/2, JARID1C/ KDM5C, and UTX/ KDM6A: crosstalk between histone demethylation and hypoxic reprogramming in cancer metabolism. Exp Mol Med. 2019;51(6):1-17. Published 2019 Jun 20. doi:10.1038/s12276-019-0230-6.

[85] Chang TK, Weber GF, Crespi CL, Waxman DJ. Differential activation of cyclophosphamide and ifosphamide by cytochromes P-450 2B and 3A in human liver microsomes. Cancer Res. 1993;53(23):5629-5637.

[86] Chen CA, Lin H, Weng CS, et al. Outcome of 3-day bleomycin, etoposide and cisplatin chemotherapeutic regimen for patients with malignant ovarian germ cell tumours: a Taiwanese Gynecologic Oncology Group study. Eur J Cancer. 2014;50(18):3161-3167. doi:10.1016/j.ejca.2014.10.006.

[87] Chen J, Stubbe J. Bleomycins: towards better therapeutics. Nat Rev Cancer. 2005;5(2):102-112. doi:10.1038/nrc1547.

[88] Chen SH, Chang JY. New Insights into Mechanisms of Cisplatin Resistance: From Tumor Cell to Microenvironment. Int J Mol Sci. 2019;20(17):4136. Published 2019 Aug 24. doi:10.3390/ijms20174136.

[89] Cheng L, Roth LM, Zhang S, et al. KIT gene mutation and amplification in dysgerminoma of the ovary. Cancer. 2011;117(10):2096-2103. doi:10.1002/cncr.25794.

[90] Cherniack AD, Shen H, Walter V, et al. Integrated Molecular Characterization of Uterine Carcinosarcoma. Cancer Cell. 2017;31(3):411-423. doi:10.1016/j.ccell.2017.02.010.

[91] Chiang S, Cotzia P, Hyman DM, et al. NTRK Fusions Define a Novel Uterine Sarcoma Subtype With Features of Fibrosarcoma. Am J Surg Pathol. 2018;42(6):791-798. doi:10.1097/PAS.0000000000001055.

[92] Clamp AR, James EC, McNeish IA, et al. Weekly dose-dense chemotherapy in first-line epithelial ovarian, fallopian tube, or primary peritoneal carcinoma treatment (ICON8): primary progression free survival analysis results from a GCIG phase 3 randomised controlled trial. Lancet. 2019;394(10214):2084-2095. doi:10.1016/S0140-6736(19)32259-7.

[93] Coatham M, Li X, Karnezis AN, et al. Concurrent ARID1A and ARID1B inactivation in endometrial and ovarian dedifferentiated carcinomas. Mod Pathol. 2016;29(12):1586-1593. doi:10.1038/modpathol.2016.156.

[94] Cochrane AL. Effectiveness and efficiency: Random reflections on health services. Nuffield Trust.1972.

[95] Cochrane AL. Sickness in Salonica: my first, worst, and most successful clinical trial. Br Med J (Clin Res Ed). 1984;289(6460):1726-1727. doi:10.1136/bmj.289.6460.1726.

[96] Coens C, van der Graaf WT, Blay JY, et al. Health-related quality-of-life results from PALETTE: A randomized, double-blind, phase 3 trial of pazopanib versus placebo in patients with soft tissue

# 参考文献

sarcoma whose disease has progressed during or after prior chemotherapy-a European Organization for research and treatment of cancer soft tissue and bone sarcoma group global network study (EORTC 62072). Cancer. 2015;121(17):2933-2941. doi:10.1002/cncr.29426.

[97] Coleman RL, Spirtos NM, Enserro D, et al. Secondary Surgical Cytoreduction for Recurrent Ovarian Cancer. N Engl J Med. 2019;381(20):1929-1939. doi:10.1056/NEJMoa1902626.

[98] Coleridge SL, Bryant A, Kehoe S, Morrison J. Chemotherapy versus surgery for initial treatment in advanced ovarian epithelial cancer. Cochrane Database Syst Rev. 2021;2:CD005343. Published 2021 Feb 5. doi:10.1002/14651858.CD005343.pub5.

[99] Collinson F, Qian W, Fossati R, et al. Optimal treatment of early-stage ovarian cancer. Ann Oncol. 2014;25(6):1165-1171. doi:10.1093/annonc/mdu116.

[100] Collis CH. Lung damage from cytotoxic drugs. Cancer Chemother Pharmacol. 1980;4(1):17-27. doi:10.1007/BF00255453.

[101] Common Terminology Criteria for Adverse Events (CTCAE). (https://ctep.cancer.gov/protocoldevelopment/electronic_applications/ctc.htm).

[102] Coronel J, Cetina L, Candelaria M, et al. Weekly topotecan as second- or third-line treatment in patients with recurrent or metastatic cervical cancer. Med Oncol. 2009;26(2):210-214. doi:10.1007/s12032-008-9108-5.

[103] Cramer DW, Elias KM. Perspectives on Ovarian Cancer From SEER: Today and Tomorrow. J Natl Cancer Inst. 2019;111(1):5-6. doi:10.1093/jnci/djy074.

[104] Crespo J, Sun H, Wu J, et al. Rate of reclassification of HER2-equivocal breast cancer cases to HER2-negative per the 2018 ASCO/CAP guidelines and response of HER2-equivocal cases to anti-HER2 therapy. PLoS One. 2020;15(11):e0241775. Published 2020 Nov 12. doi:10.1371/journal.pone.0241775.

[105] Croce S, Hostein I, Longacre TA, et al. Uterine and vaginal sarcomas resembling fibrosarcoma: a clinicopathological and molecular analysis of 13 cases showing common NTRK-rearrangements and the description of a COL1A1-PDGFB fusion novel to uterine neoplasms. Mod Pathol. 2019;32(7):1008-1022. doi:10.1038/s41379-018-0184-6.

[106] Crona DJ, Faso A, Nishijima TF, McGraw KA, Galsky MD, Milowsky MI. A Systematic Review of Strategies to Prevent Cisplatin-Induced Nephrotoxicity. Oncologist. 2017;22(5):609-619. doi:10.1634/theoncologist.2016-0319.

[107] Cuevas D, Valls J, Gatius S, et al. Targeted sequencing with a customized panel to assess histological typing in endometrial carcinoma. Virchows Arch. 2019;474(5):585-598. doi:10.1007/s00428-018-02516-2.

[108] Cui R, Yuan F, Wang Y, Li X, Zhang Z, Bai H. Clinicopathological characteristics and treatment strategies for patients with low-grade endometrial stromal sarcoma. Medicine (Baltimore). 2017;96(15):e6584. doi:10.1097/MD.0000000000006584.

[109] Culine S, Kerbrat P, Kramar A, et al. Refining the optimal chemotherapy regimen for good-risk metastatic nonseminomatous germ-cell tumors: a randomized trial of the Genito-Urinary Group of the French Federation of Cancer Centers (GETUG T93BP). Ann Oncol. 2007;18(5):917-924. doi:10.1093/annonc/mdm062.

[110] D'Incalci M, Galmarini CM. A review of trabectedin (ET-743): a unique mechanism of action. Mol Cancer Ther. 2010;9(8):2157-2163. doi:10.1158/1535-7163.MCT-10-0263.

[111] DXR FDA label. (https://dailymed.nlm.nih.gov/dailymed/drugInfo.cfm?setid=e0349f98-42fa-4003-b6d8-a1db1401b0ef).

## 参考文献

[112] DXR 添付文書. 2020 年 3 月改訂(第 5 版). (https://www.info.pmda.go.jp/go/pack/4235402A2021_1_05/).

[113] Daly MB, Pal T, Berry MP, et al. Genetic/Familial High-Risk Assessment: Breast, Ovarian, and Pancreatic, Version 2.2021, NCCN Clinical Practice Guidelines in Oncology. J Natl Compr Canc Netw. 2021;19(1):77-102. Published 2021 Jan 6. doi:10.6004/jnccn.2021.0001.

[114] Davies H, Bignell GR, Cox C, et al. Mutations of the BRAF gene in human cancer. Nature. 2002;417(6892):949-954. doi:10.1038/nature00766.

[115] De A, Guryev I, LaRiviere A, et al. Pulmonary function abnormalities in childhood cancer survivors treated with bleomycin. Pediatr Blood Cancer. 2014;61(9):1679-1684. doi:10.1002/pbc.25098.

[116] DeLair DF, Burke KA, Selenica P, et al. The genetic landscape of endometrial clear cell carcinomas. J Pathol. 2017;243(2):230-241. doi:10.1002/path.4947.

[117] Del Paggio JC, Berry JS, Hopman WM, et al. Evolution of the Randomized Clinical Trial in the Era of Precision Oncology. JAMA Oncol. 2021;7(5):728-734. doi:10.1001/jamaoncol.2021.0379.

[118] Demetri GD, von Mehren M, Jones RL, et al. Efficacy and Safety of Trabectedin or Dacarbazine for Metastatic Liposarcoma or Leiomyosarcoma After Failure of Conventional Chemotherapy: Results of a Phase III Randomized Multicenter Clinical Trial. J Clin Oncol. 2016;34(8):786-793. doi:10.1200/JCO.2015.62.4734.

[119] Deshpande M, Romanski PA, Rosenwaks Z, Gerhardt J. Gynecological Cancers Caused by Deficient Mismatch Repair and Microsatellite Instability. Cancers (Basel). 2020;12(11):3319. Published 2020 Nov 10. doi:10.3390/cancers12113319.

[120] Dimopoulos MA, Papadimitriou CA, Georgoulias V, et al. Paclitaxel and cisplatin in advanced or recurrent carcinoma of the endometrium: long-term results of a phase II multicenter study. Gynecol Oncol. 2000;78(1):52-57. doi:10.1006/gyno.2000.5827.

[121] Diéras V, Guastalla JP, Ferrero JM, et al. A multicenter phase II study of cisplatin and docetaxel (Taxotere) in the first-line treatment of advanced ovarian cancer: a GINECO study. Cancer Chemother Pharmacol. 2004;53(6):489-495. doi:10.1007/s00280-004-0762-9.

[122] Docetaxel FDA label (https://dailymed.nlm.nih.gov/dailymed/drugInfo.cfm?setid=45e6dce4-92e2-4ad1-bf11-bbcefb753636).

[123] Docetaxel 添付文書. 2018 年 3 月改訂(第 26 版). (https://www.info.pmda.go.jp/go/pack/4240405A1037_1_08/)

[124] Dohrmann T, Kutup A, Mahner S, et al. Gastropleural fistula in a patient with recurrent ovarian cancer receiving combination therapy with Carboplatin, gemcitabine, and bevacizumab. J Clin Oncol. 2013;31(12):e208-e210. doi:10.1200/JCO.2012.45.1708.

[125] Duan H, Liu X, Ren X, Zhang H, Wu H, Liang Z. Mutation profiles of follicular thyroid tumors by targeted sequencing. Diagn Pathol. 2019;14(1):39. Published 2019 May 10. doi:10.1186/s13000-019-0817-1.

[126] Eisenhauer EA, Therasse P, Bogaerts J, et al. New response evaluation criteria in solid tumours: revised RECIST guideline (version 1.1). Eur J Cancer. 2009;45(2):228-247. doi:10.1016/j.ejca.2008.10.026.

[127] Elferink F, van der Vijgh WJ, Klein I, Vermorken JB, Gall HE, Pinedo HM. Pharmacokinetics of carboplatin after i.v. administration. Cancer Treat Rep. 1987;71(12):1231-1237.

[128] Eribulin 添付文書. 2020 年 6 月改訂 (第 7 版). (https://www.info.pmda.go.jp/go/pack/4291420A1022_1_08/).

## 参考文献

[129] Erickson BK, Najjar O, Damast S, et al. Human epidermal growth factor 2 (HER2) in early stage uterine serous carcinoma: A multi-institutional cohort study. Gynecol Oncol. 2020;159(1):17-22. doi:10.1016/j.ygyno.2020.07.016.

[130] Escobar PF, Lurain JR, Singh DK, Bozorgi K, Fishman DA. Treatment of high-risk gestational trophoblastic neoplasia with etoposide, methotrexate, actinomycin D, cyclophosphamide, and vincristine chemotherapy. Gynecol Oncol. 2003;91(3):552-557. doi:10.1016/j.ygyno.2003.08.028.

[131] Eso Y, Shimizu T, Takeda H, Takai A, Marusawa H. Microsatellite instability and immune checkpoint inhibitors: toward precision medicine against gastrointestinal and hepatobiliary cancers. J Gastroenterol. 2020;55(1):15-26. doi:10.1007/s00535-019-01620-7.

[132] Espinosa I, Lee CH, D'Angelo E, Palacios J, Prat J. Undifferentiated and Dedifferentiated Endometrial Carcinomas With POLE Exonuclease Domain Mutations Have a Favorable Prognosis. Am J Surg Pathol. 2017;41(8):1121-1128. doi:10.1097/PAS.0000000000000873.

[133] Fadare O, Desouki MM, Gwin K, et al. Frequent expression of napsin A in clear cell carcinoma of the endometrium: potential diagnostic utility. Am J Surg Pathol. 2014;38(2):189-196. doi:10.1097/PAS.0000000000000085.

[134] Fadare O, James S, Desouki MM, Khabele D. Coordinate patterns of estrogen receptor, progesterone receptor, and Wilms tumor 1 expression in the histopathologic distinction of ovarian from endometrial serous adenocarcinomas. Ann Diagn Pathol. 2013;17(5):430-433. doi:10.1016/j.anndiagpath.2013.04.011.

[135] Farley J, Brady WE, Vathipadiekal V, et al. Selumetinib in women with recurrent low-grade serous carcinoma of the ovary or peritoneum: an open-label, single-arm, phase 2 study. Lancet Oncol. 2013;14(2):134-140. doi:10.1016/S1470-2045(12)70572-7.

[136] Fatima I, Barman S, Rai R, Thiel KWW, Chandra V. Targeting Wnt Signaling in Endometrial Cancer. Cancers (Basel). 2021;13(10):2351. Published 2021 May 13. doi:10.3390/cancers13102351.

[137] Ferrandina G, Ludovisi M, Lorusso D, et al. Phase III trial of gemcitabine compared with pegylated liposomal doxorubicin in progressive or recurrent ovarian cancer. J Clin Oncol. 2008;26(6):890-896. doi:10.1200/JCO.2007.13.6606.

[138] Ferreira R, Schneekloth JS Jr, Panov KI, Hannan KM, Hannan RD. Targeting the RNA Polymerase I Transcription for Cancer Therapy Comes of Age. Cells. 2020;9(2):266. Published 2020 Jan 21. doi:10.3390/cells9020266.

[139] Ferriss JS, Erickson BK, Shih IM, Fader AN. Uterine serous carcinoma: key advances and novel treatment approaches [published online ahead of print, 2021 Jul 1]. Int J Gynecol Cancer. 2021;ijgc-2021-002753. doi:10.1136/ijgc-2021-002753.

[140] Filip S, Kubeček O, Špaček J, Lánská M, Bláha M. Therapeutic Apheresis, Circulating PLD, and Mucocutaneous Toxicity: Our Clinical Experience through Four Years [published correction appears in Pharmaceutics. 2020 Nov 17;12(11):]. Pharmaceutics. 2020;12(10):940. Published 2020 Sep 30. doi:10.3390/pharmaceutics12100940.

[141] Fiorica JV, Blessing JA, Puneky LV, et al. A Phase II evaluation of weekly topotecan as a single agent second line therapy in persistent or recurrent carcinoma of the cervix: a Gynecologic Oncology Group study. Gynecol Oncol. 2009;115(2):285-289. doi:10.1016/j.ygyno.2009.07.024.

[142] Friedlaender A, Drilon A, Weiss GJ, Banna GL, Addeo A. KRAS as a druggable target in NSCLC: Rising like a phoenix after decades of development failures. Cancer Treat Rev. 2020;85:101978. doi:10.1016/j.ctrv.2020.101978.

# 参考文献

[143] Frisina RD, Wheeler HE, Fossa SD, et al. Comprehensive Audiometric Analysis of Hearing Impairment and Tinnitus After Cisplatin-Based Chemotherapy in Survivors of Adult-Onset Cancer. J Clin Oncol. 2016;34(23):2712-2720. doi:10.1200/JCO.2016.66.8822.

[144] Froeling FE, Seckl MJ. Gestational trophoblastic tumours: an update for 2014. Curr Oncol Rep. 2014;16(11):408. doi:10.1007/s11912-014-0408-y.

[145] Frost JA, Webster KE, Bryant A, Morrison J. Lymphadenectomy for the management of endometrial cancer. Cochrane Database Syst Rev. 2017;10(10):CD007585. Published 2017 Oct 2. doi:10.1002/14651858.CD007585.pub4.

[146] Frumovitz M, Obermair A, Coleman RL, et al. Quality of life in patients with cervical cancer after open versus minimally invasive radical hysterectomy (LACC): a secondary outcome of a multicentre, randomised, open-label, phase 3, non-inferiority trial [published correction appears in Lancet Oncol. 2020 Jul;21(7):e341]. Lancet Oncol. 2020;21(6):851-860. doi:10.1016/S1470-2045(20)30081-4.

[147] Funakoshi Y, Fujiwara Y, Kiyota N, et al. Validity of new methods to evaluate renal function in cancer patients treated with cisplatin. Cancer Chemother Pharmacol. 2016;77(2):281-288. doi:10.1007/s00280-016-2966-1.

[148] GEM FDA label. (https://dailymed.nlm.nih.gov/dailymed/drugInfo.cfm?setid=9dc35c59-f4f3-43b4-8251-0cf5c06cdc80)

[149] GEM添付文書, 2019年6月改訂（第17版）(https://www.info.pmda.go.jp/go/pack/4224403D1030_1_21).

[150] GILMAN A. The initial clinical trial of nitrogen mustard. Am J Surg. 1963;105:574-578. doi:10.1016/0002-9610(63)90232-0.

[151] Gamallo C, Palacios J, Moreno G, Calvo de Mora J, Suárez A, Armas A. beta-catenin expression pattern in stage I and II ovarian carcinomas : relationship with beta-catenin gene mutations, clinicopathological features, and clinical outcome. Am J Pathol. 1999;155(2):527-536. doi:10.1016/s0002-9440(10)65148-6.

[152] Garcia AA, Blessing JA, Nolte S, Mannel RS; Gynecologic Oncology Group. A phase II evaluation of weekly docetaxel in the treatment of recurrent or persistent endometrial carcinoma: a study by the Gynecologic Oncology Group. Gynecol Oncol. 2008;111(1):22-26. doi:10.1016/j.ygyno.2008.06.013.

[153] Garcia AA, Blessing JA, Vaccarello L, Roman LD; Gynecologic Oncology Group Study. Phase II clinical trial of docetaxel in refractory squamous cell carcinoma of the cervix: a Gynecologic Oncology Group Study. Am J Clin Oncol. 2007;30(4):428-431. doi:10.1097/COC.0b013e31803377c8.

[154] Garg S, Nagaria TS, Clarke B, et al. Molecular characterization of gastric-type endocervical adenocarcinoma using next-generation sequencing. Mod Pathol. 2019;32(12):1823-1833. doi:10.1038/s41379-019-0305-x.

[155] Ge L, Li N, Yuan GW, Sun YC, Wu LY. Nedaplatin and paclitaxel compared with carboplatin and paclitaxel for patients with platinum-sensitive recurrent ovarian cancer. Am J Cancer Res. 2018;8(6):1074-1082. Published 2018 Jun 1.

[156] Gershenson DM, Bodurka DC, Coleman RL, Lu KH, Malpica A, Sun CC. Hormonal Maintenance Therapy for Women With Low-Grade Serous Cancer of the Ovary or Peritoneum. J Clin Oncol. 2017;35(10):1103-1111. doi:10.1200/JCO.2016.71.0632.

[157] Gershenson DM, Cobb LP, Sun CC. Endocrine therapy in the management of low-grade serous ovarian/peritoneal carcinoma: Mounting evidence for therelative efficacy of tamoxifen and aromatase inhibitors. Gynecol Oncol. 2020;159(3):601-603. doi:10.1016/j.ygyno.2020.09.049.

## 参考文献

[158] Giacinti C, Giordano A. RB and cell cycle progression. Oncogene. 2006;25(38):5220-5227. doi:10.1038/sj.onc.1209615.

[159] Gianchecchi E, Delfino DV, Fierabracci A. Recent insights into the role of the PD-1/PD-L1 pathway in immunological tolerance and autoimmunity. Autoimmun Rev. 2013;12(11):1091-1100. doi:10.1016/j.autrev.2013.05.003.

[160] Giardiello FM, Trimbath JD. Peutz-Jeghers syndrome and management recommendations. Clin Gastroenterol Hepatol. 2006;4(4):408-415. doi:10.1016/j.cgh.2005.11.005.

[161] Gibbons R. Alpha thalassaemia-mental retardation, X linked. Orphanet J Rare Dis. 2006;1:15. Published 2006 May 4. doi:10.1186/1750-1172-1-15.

[162] Gladieff L, Ferrero A, De Rauglaudre G, et al. Carboplatin and pegylated liposomal doxorubicin versus carboplatin and paclitaxel in partially platinum-sensitive ovarian cancer patients: results from a subset analysis of the CALYPSO phase III trial. Ann Oncol. 2012;23(5):1185-1189. doi:10.1093/annonc/mdr441.

[163] Goebel EA, Vidal A, Matias-Guiu X, Blake Gilks C. The evolution of endometrial carcinoma classification through application of immunohistochemistry and molecular diagnostics: past, present and future. Virchows Arch. 2018;472(6):885-896. doi:10.1007/s00428-017-2279-8.

[164] González-Martín A, Pothuri B, Vergote I, et al. Niraparib in Patients with Newly Diagnosed Advanced Ovarian Cancer. N Engl J Med. 2019;381(25):2391-2402. doi:10.1056/NEJMoa1910962.

[165] González-Martín AJ, Calvo E, Bover I, et al. Randomized phase II trial of carboplatin versus paclitaxel and carboplatin in platinum-sensitive recurrent advanced ovarian carcinoma: a GEICO (Grupo Espanol de Investigacion en Cancer de Ovario) study. Ann Oncol. 2005;16(5):749-755. doi:10.1093/annonc/mdi147.

[166] Gordon AN, Fleagle JT, Guthrie D, Parkin DE, Gore ME, Lacave AJ. Recurrent epithelial ovarian carcinoma: a randomized phase III study of pegylated liposomal doxorubicin versus topotecan. J Clin Oncol. 2001;19(14):3312-3322. doi:10.1200/JCO.2001.19.14.3312.

[167] Gordon AN, Teneriello M, Janicek MF, et al. Phase III trial of induction gemcitabine or paclitaxel plus carboplatin followed by paclitaxel consolidation in ovarian cancer. Gynecol Oncol. 2011;123(3):479-485. doi:10.1016/j.ygyno.2011.08.018.

[168] Gordon AN, Tonda M, Sun S, Rackoff W; Doxil Study 30-49 Investigators. Long-term survival advantage for women treated with pegylated liposomal doxorubicin compared with topotecan in a phase 3 randomized study of recurrent and refractory epithelial ovarian cancer. Gynecol Oncol. 2004;95(1):1-8. doi:10.1016/j.ygyno.2004.07.011.

[169] Gorski JW, Ueland FR, Kolesar JM. CCNE1 Amplification as a Predictive Biomarker of Chemotherapy Resistance in Epithelial Ovarian Cancer. Diagnostics (Basel). 2020;10(5):279. Published 2020 May 5. doi:10.3390/diagnostics10050279.

[170] Goto T, Takano M, Ohishi R, et al. Single nedaplatin treatment as salvage chemotherapy for platinum/taxane-resistant/refractory epithelial ovarian, tubal and peritoneal cancers. J Obstet Gynaecol Res. 2010;36(4):764-768. doi:10.1111/j.1447-0756.2010.01217.x.

[171] Green DR, Llambi F. Cell Death Signaling. Cold Spring Harb Perspect Biol. 2015;7(12):a006080. Published 2015 Dec 1. doi:10.1101/cshperspect.a006080.

[172] Green JA, Lainakis G. Cytotoxic chemotherapy for advanced or recurrent cervical cancer. Ann Oncol. 2006;17 Suppl 10:x230-x232. doi:10.1093/annonc/mdl265.

[173] Greenleaf AL. Human CDK12 and CDK13, multi-tasking CTD kinases for the new millenium.

Transcription. 2019;10(2):91-110. doi:10.1080/21541264.2018.1535211.

[174] Griggs JJ, Mangu PB, Anderson H, et al. Appropriate chemotherapy dosing for obese adult patients with cancer: American Society of Clinical Oncology clinical practice guideline. J Clin Oncol. 2012;30(13):1553-1561. doi:10.1200/JCO.2011.39.9436.

[175] Grill S, Ramser J, Hellebrand H, et al. TP53 germline mutations in the context of families with hereditary breast and ovarian cancer: a clinical challenge. Arch Gynecol Obstet. 2021;303(6):1557-1567. doi:10.1007/s00404-020-05883-x.

[176] Grisham RN, Adaniel C, Hyman DM, et al. Gemcitabine for advanced endometrial cancer: a retrospective study of the Memorial sloan-Kettering Cancer Center experience. Int J Gynecol Cancer. 2012;22(5):807-811. doi:10.1097/IGC.0b013e31824a33a2.

[177] Guddati AK, Joy PS, Marak CP. Dose adjustment of carboplatin in patients on hemodialysis. Med Oncol. 2014;31(3):848. doi:10.1007/s12032-014-0848-0.

[178] Gupta S, Maheshwari A, Parab P, et al. Neoadjuvant Chemotherapy Followed by Radical Surgery Versus Concomitant Chemotherapy and Radiotherapy in Patients With Stage IB2, IIA, or IIB Squamous Cervical Cancer: A Randomized Controlled Trial. J Clin Oncol. 2018;36(16):1548-1555. doi:10.1200/JCO.2017.75.9985.

[179] Günthert AR, Ackermann S, Beckmann MW, et al. Phase II study of weekly docetaxel in patients with recurrent or metastatic endometrial cancer: AGO Uterus-4. Gynecol Oncol. 2007;104(1):86-90. doi:10.1016/j.ygyno.2006.07.026.

[180] Hamilton CA, Cheung MK, Osann K, et al. Uterine papillary serous and clear cell carcinomas predict for poorer survival compared to grade 3 endometrioid corpus cancers. Br J Cancer. 2006;94(5):642-646. doi:10.1038/sj.bjc.6603012.

[181] Han FF, Guo CL, Yu D, et al. Associations between UGT1A1*6 or UGT1A1*6/*28 polymorphisms and irinotecan-induced neutropenia in Asian cancer patients. Cancer Chemother Pharmacol. 2014;73(4):779-788. doi:10.1007/s00280-014-2405-0.

[182] Han Y, Liu C. Clinicopathological characteristics and prognosis of uterine serous carcinoma: A SEER program analysis of 1016 cases. J Obstet Gynaecol Res. 2021;47(7):2460-2472. doi:10.1111/jog.14797.

[183] Hande KR. Etoposide pharmacology. Semin Oncol. 1992;19(6 Suppl 13):3-9.

[184] Harter P, Sehouli J, Lorusso D, et al. A Randomized Trial of Lymphadenectomy in Patients with Advanced Ovarian Neoplasms. N Engl J Med. 2019;380(9):822-832. doi:10.1056/NEJMoa1808424.

[185] He Q, Zhao L, Liu Y, et al. circ-SHKBP1 Regulates the Angiogenesis of U87 Glioma-Exposed Endothelial Cells through miR-544a/FOXP1 and miR-379/FOXP2 Pathways. Mol Ther Nucleic Acids. 2018;10:331-348. doi:10.1016/j.omtn.2017.12.014.

[186] He Y, Wang T, Li N, Yang B, Hu Y. Clinicopathological characteristics and prognostic value of POLE mutations in endometrial cancer: A systematic review and meta-analysis. Medicine (Baltimore). 2020;99(8):e19281. doi:10.1097/MD.0000000000019281.

[187] Henley SJ, Miller JW, Dowling NF, Benard VB, Richardson LC. Uterine Cancer Incidence and Mortality - United States, 1999-2016. MMWR Morb Mortal Wkly Rep. 2018;67(48):1333-1338. Published 2018 Dec 7. doi:10.15585/mmwr.mm6748a1.

[188] Hensley ML, Blessing JA, Degeest K, Abulafia O, Rose PG, Homesley HD. Fixed-dose rate gemcitabine plus docetaxel as second-line therapy for metastatic uterine leiomyosarcoma: a Gynecologic Oncology Group phase II study. Gynecol Oncol. 2008;109(3):323-328.

## 参考文献

doi:10.1016/j.ygyno.2008.02.024.

[189] Hensley ML, Ishill N, Soslow R, et al. Adjuvant gemcitabine plus docetaxel for completely resected stages I-IV high grade uterine leiomyosarcoma: Results of a prospective study. Gynecol Oncol. 2009;112(3):563-567. doi:10.1016/j.ygyno.2008.11.027.

[190] Hensley ML, Patel SR, von Mehren M, et al. Efficacy and safety of trabectedin or dacarbazine in patients with advanced uterine leiomyosarcoma after failure of anthracycline-based chemotherapy: Subgroup analysis of a phase 3, randomized clinical trial. Gynecol Oncol. 2017;146(3):531-537. doi:10.1016/j.ygyno.2017.06.018.

[191] Herben VM, Schoemaker nE, Rosing H, et al. Urinary and fecal excretion of topotecan in patients with malignant solid tumours. Cancer Chemother Pharmacol. 2002;50(1):59-64. doi:10.1007/s00280-002-0454-2.

[192] Hernández Borrero LJ, El-Deiry WS. Tumor suppressor p53: Biology, signaling pathways, and therapeutic targeting [published online ahead of print, 2021 Apr 29]. Biochim Biophys Acta Rev Cancer. 2021;1876(1):188556. doi:10.1016/j.bbcan.2021.188556.

[193] Herzog TJ, Armstrong DK, Brady MF, et al. Ovarian cancer clinical trial endpoints: Society of Gynecologic Oncology white paper. Gynecol Oncol. 2014;132(1):8-17. doi:10.1016/j.ygyno.2013.11.008.

[194] Herzog TJ, Vermorken JB, Pujade-Lauraine E, et al. Correlation between CA-125 serum level and response by RECIST in a phase III recurrent ovarian cancer study. Gynecol Oncol. 2011;122(2):350-355. doi:10.1016/j.ygyno.2011.04.005.

[195] Hesketh PJ, Kris MG, Basch E, et al. Antiemetics: American Society of Clinical Oncology Clinical Practice Guideline Update. J Clin Oncol. 2017;35(28):3240-3261. doi:10.1200/JCO.2017.74.4789.

[196] Hirai R, Shimano Y, Isobe K, et al. Yakugaku Zasshi. 2008;128(8):1209-1214. doi:10.1248/yakushi.128.1209.

[197] Hirai Y, Hasumi K, Onose R, et al. Phase II trial of 3-h infusion of paclitaxel in patients with adenocarcinoma of endometrium: Japanese Multicenter Study Group. Gynecol Oncol. 2004;94(2):471-476. doi:10.1016/j.ygyno.2004.05.042.

[198] Hirose S. Mutant GABA(A) receptor subunits in genetic (idiopathic) epilepsy. Prog Brain Res. 2014;213:55-85. doi:10.1016/B978-0-444-63326-2.00003-X.

[199] Hitchins RN, Holden L, Newlands ES, Begent RH, Rustin GJ, Bagshawe KD. Single agent etoposide in gestational trophoblastic tumours. Experience at Charing Cross Hospital 1978-1987. Eur J Cancer Clin Oncol. 1988;24(6):1041-1046. doi:10.1016/0277-5379(88)90156-3.

[200] Hodgson A, Amemiya Y, Seth A, Cesari M, Djordjevic B, Parra-Herran C. Genomic abnormalities in invasive endocervical adenocarcinoma correlate with pattern of invasion: biologic and clinical implications. Mod Pathol. 2017;30(11):1633-1641. doi:10.1038/modpathol.2017.80.

[201] Homesley HD, Meltzer NP, Nieves L, Vaccarello L, Lowendowski GS, Elbendary AA. A phase II trial of weekly 1-hour paclitaxel as second-line therapy for endometrial and cervical cancer. Int J Clin Oncol. 2008;13(1):62-65. doi:10.1007/s10147-007-0731-5.

[202] Howitt BE, Kelly P, McCluggage WG. Pathology of Neuroendocrine Tumours of the Female Genital Tract. Curr Oncol Rep. 2017;19(9):59. doi:10.1007/s11912-017-0617-2.

[203] Howitt BE, Strickland KC, Sholl LM, et al. Clear cell ovarian cancers with microsatellite instability: A unique subset of ovarian cancers with increased tumor-infiltrating lymphocytes and

参考文献

PD-1/PD-L1 expression. Oncoimmunology. 2017;6(2):e1277308. Published 2017 Jan 6. doi:10.1080/2162402X.2016.1277308.

[204] Huang TT, Lampert EJ, Coots C, Lee JM. Targeting the PI3K pathway and DNA damage response as a therapeutic strategy in ovarian cancer. Cancer Treat Rev. 2020;86:102021. doi:10.1016/j.ctrv.2020.102021.

[205] Huang W, Li BR, Feng H. PLAG1 silencing promotes cell chemosensitivity in ovarian cancer via the IGF2 signaling pathway. Int J Mol Med. 2020;45(3):703-714. doi:10.3892/ijmm.2020.4459.

[206] Hunter SM, Anglesio MS, Ryland GL, et al. Molecular profiling of low grade serous ovarian tumours identifies novel candidate driver genes. Oncotarget. 2015;6(35):37663-37677. doi:10.18632/oncotarget.5438.

[207] Hurt S. Poisonous effects of the berries, or seeds, of the yew. The Lancet. 1836;27(693):394-395.

[208] IFM FDA label.(https://dailymed.nlm.nih.gov/dailymed/druginfo.cfm?setid=c90ab05f-8fe5-437e-a1c0-8b11ef63291e).

[209] IFM添付文書. 2012年3月改訂 第11版.(https://www.info.pmda.go.jp/go/pack/4211402D1020_1_14/).

[210] Ichinose A, Bottenus RE, Davie EW. Structure of transglutaminases. J Biol Chem. 1990;265(23):13411-13414.

[211] Ikeda K, Yoshisue K, Matsushima E, et al. Bioactivation of tegafur to 5-fluorouracil is catalyzed by cytochrome P-450 2A6 in human liver microsomes in vitro. Clin Cancer Res. 2000;6(11):4409-4415.

[212] Inoue Y, Nakamura T, Nakanishi H, et al. Therapy-related acute myeloid leukemia and myelodysplastic syndrome among refractory germ cell tumor patients. Int J Urol. 2018;25(7):678-683. doi:10.1111/iju.13597.

[213] International Germ Cell Consensus Classification: a prognostic factor-based staging system for metastatic germ cell cancers. International Germ Cell Cancer Collaborative Group. J Clin Oncol. 1997;15(2):594-603. doi:10.1200/JCO.1997.15.2.594.

[214] Irshaid L, Clark M, Fadare O, Finberg KE, Parkash V. Endometrial Carcinoma as the Presenting Malignancy in a Teenager With a Pathogenic TP53 Germline Mutation: A Case Report and Literature Review [published online ahead of print, 2021 May 12]. Int J Gynecol Pathol. 2021;10.1097/PGP.0000000000000792. doi:10.1097/PGP.0000000000000792.

[215] Ishibashi T, Fukumura K, Yano Y, Oguma T. Optimal sampling and limited sampling strategies for estimation of unbound platinum AUC after nedaplatin infusion. Anticancer Res. 2005;25(2B):1283-1289.

[216] Ishibashi T, Yano Y, Oguma T. A formula for predicting optimal dosage of nedaplatin based on renal function in adult cancer patients. Cancer Chemother Pharmacol. 2002;50(3):230-236. doi:10.1007/s00280-002-0488-5.

[217] Jain S, Vahdat LT. Eribulin mesylate. Clin Cancer Res. 2011;17(21):6615-6622. doi:10.1158/1078-0432.CCR-11-1807.

[218] Jakubowski H. Homocysteine thiolactone: metabolic origin and protein homocysteinylation in humans. J Nutr. 2000;130(2S Suppl):377S-381S. doi:10.1093/jn/130.2.377S.

[219] Jakubowski H. Pathophysiological consequences of homocysteine excess. J Nutr. 2006;136(6 Suppl):1741S-1749S. doi:10.1093/jn/136.6.1741S.

[220] Jan van Weelden W, Reijnen C, Küsters-Vandevelde HVN, et al. The cut-off for estrogen and

## 参考文献

progesterone receptor in endometrial cancer revisited: an ENITEC collaboration study. Hum Pathol. 2020;S0046-8177(20)30255-0. doi:10.1016/j.humpath.2020.12.003.

[221] Jelliffe RW. Letter: Creatinine clearance: bedside estimate. Ann Intern Med. 1973;79(4):604-605. doi:10.7326/0003-4819-79-4-604.

[222] Jiang N, Lin JJ, Wang J, et al. Novel treatment strategies for patients with HER2-positive breast cancer who do not benefit from current targeted therapy drugs. Exp Ther Med. 2018;16(3):2183-2192. doi:10.3892/etm.2018.6459.

[223] Joerger M, Huitema AD, Huizing MT, et al. Safety and pharmacology of paclitaxel in patients with impaired liver function: a population pharmacokinetic-pharmacodynamic study. Br J Clin Pharmacol. 2007;64(5):622-633. doi:10.1111/j.1365-2125.2007.02956.x.

[224] Johnson AL, Medina HN, Schlumbrecht MP, Reis I, Kobetz EN, Pinheiro PS. The role of histology on endometrial cancer survival disparities in diverse Florida. PLoS One. 2020;15(7):e0236402. Published 2020 Jul 23. doi:10.1371/journal.pone.0236402.

[225] Kagabu M, Shoji T, Murakami K, et al. Clinical efficacy of nedaplatin-based concurrent chemoradiotherapy for uterine cervical cancer: a Tohoku Gynecologic Cancer Unit Study. Int J Clin Oncol. 2016;21(4):735-740. doi:10.1007/s10147-016-0946-4.

[226] Kanao H, Enomoto T, Ueda Y, et al. Correlation between p14(ARF)/p16(INK4A) expression and HPV infection in uterine cervical cancer. Cancer Lett. 2004;213(1):31-37. doi:10.1016/j.canlet.2004.03.030.

[227] Kasper B, Sleijfer S, Litière S, et al. Long-term responders and survivors on pazopanib for advanced soft tissue sarcomas: subanalysis of two European Organisation for Research and Treatment of Cancer (EORTC) clinical trials 62043 and 62072. Ann Oncol. 2014;25(3):719-724. doi:10.1093/annonc/mdt586.

[228] Kato T, Nishimura H, Yakushiji M, et al. Gan To Kagaku Ryoho. 1992;19(5):695-701.

[229] Katoh M. Function and cancer genomics of FAT family genes (review). Int J Oncol. 2012;41(6):1913-1918. doi:10.3892/ijo.2012.1669.

[230] Katsumata N, Noda K, Nozawa S, et al. Phase II trial of docetaxel in advanced or metastatic endometrial cancer: a Japanese Cooperative Study. Br J Cancer. 2005;93(9):999-1004. doi:10.1038/sj.bjc.6602817.

[231] Katsumata N, Tsunematsu R, Tanaka K, et al. A phase II trial of docetaxel in platinum pre-treated patients with advanced epithelial ovarian cancer: a Japanese cooperative study. Ann Oncol. 2000;11(12):1531-1536. doi:10.1023/a:1008337103708.

[232] Katsumata N, Yasuda M, Isonishi S, et al. Long-term results of dose-dense paclitaxel and carboplatin versus conventional paclitaxel and carboplatin for treatment of advanced epithelial ovarian, fallopian tube, or primary peritoneal cancer (JGOG 3016): a randomised, controlled, open-label trial. Lancet Oncol. 2013;14(10):1020-1026. doi:10.1016/S1470-2045(13)70363-2.

[233] Katsumata N, Yasuda M, Takahashi F, et al. Dose-dense paclitaxel once a week in combination with carboplatin every 3 weeks for advanced ovarian cancer: a phase 3, open-label, randomised controlled trial. Lancet. 2009;374(9698):1331-1338. doi:10.1016/S0140-6736(09)61157-0.

[234] Kawai A, Araki N, Sugiura H, et al. Trabectedin monotherapy after standard chemotherapy versus best supportive care in patients with advanced, translocation-related sarcoma: a randomised, open-label, phase 2 study. Lancet Oncol. 2015;16(4):406-416. doi:10.1016/S1470-2045(15)70098-7.

[235] Keys HM, Bundy BN, Stehman FB, et al. Cisplatin, radiation, and adjuvant hysterectomy compared

with radiation and adjuvant hysterectomy for bulky stage IB cervical carcinoma [published correction appears in N Engl J Med 1999 Aug 26;341(9):708]. N Engl J Med. 1999;340(15):1154-1161. doi:10.1056/NEJM199904153401503.

[236] Kim SI, Lee JW, Lee M, et al. Genomic landscape of ovarian clear cell carcinoma via whole exome sequencing. Gynecol Oncol. 2018;148(2):375-382. doi:10.1016/j.ygyno.2017.12.005.

[237] Kim SR, Cloutier BT, Leung S, et al. Molecular subtypes of clear cell carcinoma of the endometrium: Opportunities for prognostic and predictive stratification. Gynecol Oncol. 2020;158(1):3-11. doi:10.1016/j.ygyno.2020.04.043.

[238] Kim Y. Nuclease delivery: versatile functions of SLX4/FANCP in genome maintenance. Mol Cells. 2014;37(8):569-574. doi:10.14348/molcells.2014.0118.

[239] Kita T, Kikuchi Y, Takano M, et al. The effect of single weekly paclitaxel in heavily pretreated patients with recurrent or persistent advanced ovarian cancer. Gynecol Oncol. 2004;92(3):813-818. doi:10.1016/j.ygyno.2003.12.002.

[240] Kitagawa R, Katsumata N, Shibata T, et al. Paclitaxel Plus Carboplatin Versus Paclitaxel Plus Cisplatin in Metastatic or Recurrent Cervical Cancer: The Open-Label Randomized Phase III Trial JCOG0505. J Clin Oncol. 2015;33(19):2129-2135. doi:10.1200/JCO.2014.58.4391.

[241] Klajer E, Garnier L, Goujon M, et al. Targeted and immune therapies among patients with metastatic renal carcinoma undergoing hemodialysis: A systemic review. Semin Oncol. 2020;47(2-3):103-116. doi:10.1053/j.seminoncol.2020.05.001.

[242] Ko A, Han SY, Song J. Regulatory Network of ARF in Cancer Development. Mol Cells. 2018;41(5):381-389. doi:10.14348/molcells.2018.0100.

[243] Kobayashi K. Gan To Kagaku Ryoho. 2003;30(6):765-771.Int J Cancer. 2001 Apr 15;92(2):269-75.

[244] Kodama J, Sasaki A, Masahiro S, et al. Pharmacokinetics of combination chemotherapy with paclitaxel and carboplatin in a patient with advanced epithelial ovarian cancer undergoing hemodialysis. Oncol Lett. 2010;1(3):511-513. doi:10.3892/ol_00000090.

[245] Kojima A, Mikami Y, Sudo T, et al. Gastric morphology and immunophenotype predict poor outcome in mucinous adenocarcinoma of the uterine cervix. Am J Surg Pathol. 2007;31(5):664-672. doi:10.1097/01.pas.0000213434.91868.b0.

[246] Kollmannsberger C, Beyer J, Droz JP, et al. Secondary leukemia following high cumulative doses of etoposide in patients treated for advanced germ cell tumors. J Clin Oncol. 1998;16(10):3386-3391. doi:10.1200/JCO.1998.16.10.3386.

[247] Kondagunta GV, Bacik J, Donadio A, et al. Combination of paclitaxel, ifosfamide, and cisplatin is an effective second-line therapy for patients with relapsed testicular germ cell tumors. J Clin Oncol. 2005;23(27):6549-6555. doi:10.1200/JCO.2005.19.638.

[248] Krishnamurthy N, Goodman AM, Barkauskas DA, Kurzrock R. STK11 alterations in the pan-cancer setting: prognostic and therapeutic implications. Eur J Cancer. 2021;148:215-229. doi:10.1016/j.ejca.2021.01.050.

[249] Kuchenbaecker KB, Hopper JL, Barnes DR, et al. Risks of Breast, Ovarian, and Contralateral Breast Cancer for BRCA1 and BRCA2 Mutation Carriers. JAMA. 2017;317(23):2402-2416. doi:10.1001/jama.2017.7112.

[250] Kuhn E, Ayhan A, Bahadirli-Talbott A, Zhao C, Shih IeM. Molecular characterization of undifferentiated carcinoma associated with endometrioid carcinoma. Am J Surg Pathol. 2014;38(5):660-665. doi:10.1097/PAS.0000000000000166.

# 参考文献

[251] Kuji S, Hirashima Y, Nakayama H, et al. Diagnosis, clinicopathologic features, treatment, and prognosis of small cell carcinoma of the uterine cervix: Kansai Clinical Oncology Group/Intergroup study in Japan. Gynecol Oncol. 2013;129(3):522-527. doi:10.1016/j.ygyno.2013.02.025.

[252] Kurman RJ, Norris HJ. Embryonal carcinoma of the ovary: a clinicopathologic entity distinct from endodermal sinus tumor resembling embryonal carcinoma of the adult testis. Cancer. 1976;38(6):2420-2433. doi:10.1002/1097-0142(197612)38:6<2420::aid-cncr2820380630>3.0.co;2-2.

[253] Kurman RJ, Norris HJ. Malignant mixed germ cell tumors of the ovary. A clinical and pathologic analysis of 30 cases. Obstet Gynecol. 1976;48(5):579-589.

[254] Kurobe M, Kawai K, Oikawa T, et al. Paclitaxel, ifosfamide, and cisplatin (TIP) as salvage and consolidation chemotherapy for advanced germ cell tumor. J Cancer Res Clin Oncol. 2015;141(1):127-133. doi:10.1007/s00432-014-1760-x.

[255] Kusanagi Y, Kojima A, Mikami Y, et al. Absence of high-risk human papillomavirus (HPV) detection in endocervical adenocarcinoma with gastric morphology and phenotype. Am J Pathol. 2010;177(5):2169-2175. doi:10.2353/ajpath.2010.100323.

[256] Kushner DM, Webster KD, Belinson JL, Rybicki LA, Kennedy AW, Markman M. Safety and efficacy of adjuvant single-agent ifosfamide in uterine sarcoma. Gynecol Oncol. 2000;78(2):221-227. doi:10.1006/gyno.2000.5875.

[257] Kwon Y, Godwin AK. Regulation of HGF and c-MET Interaction in Normal Ovary and Ovarian Cancer. Reprod Sci. 2017;24(4):494-501. doi:10.1177/1933719116648212.

[258] Lambert HE, Berry RJ. High dose cisplatin compared with high dose cyclophosphamide in the management of advanced epithelial ovarian cancer (FIGO stages III and IV): report from the North Thames Cooperative Group. Br Med J (Clin Res Ed). 1985;290(6472):889-893. doi:10.1136/bmj.290.6472.889.

[259] Lawrie TA, Rabbie R, Thoma C, Morrison J. Pegylated liposomal doxorubicin for first-line treatment of epithelial ovarian cancer. Cochrane Database Syst Rev. 2013;2013(10):CD010482. Published 2013 Oct 21. doi:10.1002/14651858.CD010482.pub2.

[260] Le DT, Uram JN, Wang H, et al. PD-1 Blockade in Tumors with Mismatch-Repair Deficiency. N Engl J Med. 2015;372(26):2509-2520. doi:10.1056/NEJMoa1500596.

[261] Leclerc J, Vermaut C, Buisine MP. Diagnosis of Lynch Syndrome and Strategies to Distinguish Lynch-Related Tumors from Sporadic MSI/dMMR Tumors. Cancers (Basel). 2021;13(3):467. Published 2021 Jan 26. doi:10.3390/cancers13030467.

[262] Lee CS, Alwan LM, Sun X, McLean KA, Urban RR. Routine proteinuria monitoring for bevacizumab in patients with gynecologic malignancies. J Oncol Pharm Pract. 2016;22(6):771-776. doi:10.1177/1078155215609987.

[263] Lee ES, Lee Y, Suh D, Kang J, Kim I. Detection of HER-2 and EGFR gene amplification using chromogenic in-situ hybridization technique in ovarian tumors. Appl Immunohistochem Mol Morphol. 2010;18(1):69-74. doi:10.1097/PAI.0b013e3181af7d3f.

[264] Lee YJ, Park JY, Kim DY, et al. Comparing and evaluating the efficacy of methotrexate and actinomycin D as first-line single chemotherapy agents in low risk gestational trophoblastic disease. J Gynecol Oncol. 2017;28(2):e8. doi:10.3802/jgo.2017.28.e8.

[265] Leroy B, Ballinger ML, Baran-Marszak F, et al. Recommended Guidelines for Validation, Quality Control, and Reporting of TP53 Variants in Clinical Practice. Cancer Res. 2017;77(6):1250-1260. doi:10.1158/0008-5472.CAN-16-2179.

# 参考文献

[266] Leskela S, Romero I, Cristobal E, et al. The Frequency and Prognostic Significance of the Histologic Type in Early-stage Ovarian Carcinoma: A Reclassification Study by the Spanish Group for Ovarian Cancer Research (GEICO). Am J Surg Pathol. 2020;44(2):149-161. doi:10.1097/PAS.0000000000001365.

[267] Lhommé C, Fumoleau P, Fargeot P, et al. Results of a European Organization for Research and Treatment of Cancer/Early Clinical Studies Group phase II trial of first-line irinotecan in patients with advanced or recurrent squamous cell carcinoma of the cervix. J Clin Oncol. 1999;17(10):3136-3142. doi:10.1200/JCO.1999.17.10.3136.

[268] Li FP, Fraumeni JF Jr. Rhabdomyosarcoma in children: epidemiologic study and identification of a familial cancer syndrome. J Natl Cancer Inst. 1969;43(6):1365-1373.

[269] Li FP, Fraumeni JF Jr. Soft-tissue sarcomas, breast cancer, and other neoplasms. A familial syndrome?. Ann Intern Med. 1969;71(4):747-752. doi:10.7326/0003-4819-71-4-747.

[270] Li M, Kroetz DL. Bevacizumab-induced hypertension: Clinical presentation and molecular understanding. Pharmacol Ther. 2018;182:152-160. doi:10.1016/j.pharmthera.2017.08.012.

[271] Li M, Xin X, Wu T, Hua T, Wang H. HGF and c-Met in pathogenesis of endometrial carcinoma. Front Biosci (Landmark Ed). 2015;20:635-643. Published 2015 Jan 1.

[272] Li N, Wu LY, Zhang HT, An JS, Li XG, Ma SK. Treatment options in stage I endometrial stromal sarcoma: a retrospective analysis of 53 cases. Gynecol Oncol. 2008;108(2):306-311. doi:10.1016/j.ygyno.2007.10.023.

[273] Lim D, Ip PP, Cheung AN, Kiyokawa T, Oliva E. Immunohistochemical Comparison of Ovarian and Uterine Endometrioid Carcinoma, Endometrioid Carcinoma With Clear Cell Change, and Clear Cell Carcinoma. Am J Surg Pathol. 2015;39(8):1061-1069. doi:10.1097/PAS.0000000000000436.

[274] Lipscomb GH, Bran D, McCord ML, Portera JC, Ling FW. Analysis of three hundred fifteen ectopic pregnancies treated with single-dose methotrexate. Am J Obstet Gynecol. 1998;178(6):1354-1358. doi:10.1016/s0002-9378(98)70343-6.

[275] Lisio MA, Fu L, Goyeneche A, Gao ZH, Telleria C. High-Grade Serous Ovarian Cancer: Basic Sciences, Clinical and Therapeutic Standpoints. Int J Mol Sci. 2019;20(4):952. Published 2019 Feb 22. doi:10.3390/ijms20040952.

[276] Liu S, Chen S, Zeng J. TGF-β signaling: A complex role in tumorigenesis (Review). Mol Med Rep. 2018;17(1):699-704. doi:10.3892/mmr.2017.7970.

[277] Longley DB, Harkin DP, Johnston PG. 5-fluorouracil: mechanisms of action and clinical strategies. Nat Rev Cancer. 2003;3(5):330-338. doi:10.1038/nrc1074.

[278] Lu Q, Zhang FL, Lu DY, Shao ZM, Li DQ. USP9X stabilizes BRCA1 and confers resistance to DNA-damaging agents in human cancer cells. Cancer Med. 2019;8(15):6730-6740. doi:10.1002/cam4.2528.

[279] Lurain JR. Gestational trophoblastic disease I: epidemiology, pathology, clinical presentation and diagnosis of gestational trophoblastic disease, and management of hydatidiform mole. Am J Obstet Gynecol. 2010;203(6):531-539. doi:10.1016/j.ajog.2010.06.073.

[280] M. R. Lee. The yew tree (TAXUS BACCATA) in mythology and medicine. Proc. R. Coll. Physicians Edinb. 1998;28:569-575.

[281] MTX(経口)添付文書. 2018年10月改訂（第14版）. (https://www.info.pmda.go.jp/go/pack/4222001F1027_3_01/).

[282] MTX(注射用)添付文書. 2018年10月改訂（第15版）. (https://www.info.pmda.go.jp/go/pack/4222400D2020_3_01/).

# 参考文献

[283] Mace JR, Keohan ML, Bernardy H, et al. Crossover randomized comparison of intravenous versus intravenous/oral mesna in soft tissue sarcoma treated with high-dose ifosfamide. Clin Cancer Res. 2003;9(16 Pt 1):5829-5834.

[284] Machida H, Matsuo K, Yamagami W, et al. Trends and characteristics of epithelial ovarian cancer in Japan between 2002 and 2015: A JSGO-JSOG joint study. Gynecol Oncol. 2019;153(3):589-596. doi:10.1016/j.ygyno.2019.03.243.

[285] Machida S, Ohwada M, Fujiwara H, et al. Phase I study of combination chemotherapy using irinotecan hydrochloride and nedaplatin for advanced or recurrent cervical cancer. Oncology. 2003;65(2):102-107. doi:10.1159/000072333.

[286] Machida S, Sato T, Fujiwara H, et al. Nedaplatin and irinotecan combination therapy is equally effective and less toxic than cisplatin and irinotecan for patients with primary clear cell adenocarcinoma of the ovary and recurrent ovarian carcinoma. Oncol Lett. 2012;4(5):1017-1022. doi:10.3892/ol.2012.853.

[287] Mackenzie R, Kommoss S, Winterhoff BJ, et al. Targeted deep sequencing of mucinous ovarian tumors reveals multiple overlapping RAS-pathway activating mutations in borderline and cancerous neoplasms. BMC Cancer. 2015;15:415. Published 2015 May 19. doi:10.1186/s12885-015-1421-8.

[288] Magiorkinis E, Beloukas A, Diamantis A. Scurvy: past, present and future. Eur J Intern Med. 2011;22(2):147-152. doi:10.1016/j.ejim.2010.10.006.

[289] Mai PL, Best AF, Peters JA, et al. Risks of first and subsequent cancers among TP53 mutation carriers in the National Cancer Institute Li-Fraumeni syndrome cohort. Cancer. 2016;122(23):3673-3681. doi:10.1002/cncr.30248.

[290] Maillard M, Chevreau C, Le Louedec F, et al. Pharmacogenetic Study of Trabectedin-Induced Severe Hepatotoxicity in Patients with Advanced Soft Tissue Sarcoma. Cancers (Basel). 2020;12(12):3647. Published 2020 Dec 4. doi:10.3390/cancers12123647.

[291] Makker V, Hensley ML, Zhou Q, Iasonos A, Aghajanian CA. Treatment of advanced or recurrent endometrial carcinoma with doxorubicin in patients progressing after paclitaxel/carboplatin: Memorial Sloan-Kettering Cancer Center experience from 1995 to 2009. Int J Gynecol Cancer. 2013;23(5):929-934. doi:10.1097/IGC.0b013e3182915c20.

[292] Makrilia N, Syrigou E, Kaklamanos I, Manolopoulos L, Saif MW. Hypersensitivity reactions associated with platinum antineoplastic agents: a systematic review. Met Based Drugs. 2010;2010:207084. doi:10.1155/2010/207084.

[293] Marabelle A, Le DT, Ascierto PA, et al. Efficacy of Pembrolizumab in Patients With Noncolorectal High Microsatellite Instability/Mismatch Repair-Deficient Cancer: Results From the Phase II KEYNOTE-158 Study. J Clin Oncol. 2020;38(1):1-10. doi:10.1200/JCO.19.02105.

[294] Marchetti C, De Felice F, Di Pinto A, et al. Dose-dense weekly chemotherapy in advanced ovarian cancer: An updated meta-analysis of randomized controlled trials. Crit Rev Oncol Hematol. 2018;125:30-34. doi:10.1016/j.critrevonc.2018.02.016.

[295] Markman M, Hall J, Spitz D, et al. Phase II trial of weekly single-agent paclitaxel in platinum/paclitaxel-refractory ovarian cancer. J Clin Oncol. 2002;20(9):2365-2369. doi:10.1200/JCO.2002.09.130.

[296] Maru Y, Tanaka N, Ohira M, Itami M, Hippo Y, Nagase H. Identification of novel mutations in Japanese ovarian clear cell carcinoma patients using optimized targeted NGS for clinical diagnosis. Gynecol Oncol. 2017;144(2):377-383. doi:10.1016/j.ygyno.2016.11.045.

# 参考文献

[297] Maruyama Y, Sadahira T, Mitsui Y, et al. Prognostic impact of bleomycin pulmonary toxicity on the outcomes of patients with germ cell tumors. Med Oncol. 2018;35(6):80. Published 2018 Apr 26. doi:10.1007/s12032-018-1140-5.

[298] Matalka I, Obeidat B, Mohtaseb A, Awamleh A. The significance of Wilms Tumor Gene (WT1) and p53 expression in curettage specimens of patients with endometrial carcinomas. Pathol Res Pract. 2013;209(1):19-23. doi:10.1016/j.prp.2012.10.002.

[299] Matsumoto K, Katsumata N, Yamanaka Y, et al. The safety and efficacy of the weekly dosing of irinotecan for platinum- and taxanes-resistant epithelial ovarian cancer. Gynecol Oncol. 2006;100(2):412-416. doi:10.1016/j.ygyno.2005.10.013.

[300] Matsuo S, Imai E, Horio M, et al. Revised equations for estimated GFR from serum creatinine in Japan. Am J Kidney Dis. 2009;53(6):982-992. doi:10.1053/j.ajkd.2008.12.034.

[301] Matsuoka H, Murakami R, Abiko K, et al. UGT1A1 polymorphism has a prognostic effect in patients with stage IB or II uterine cervical cancer and one or no metastatic pelvic nodes receiving irinotecan chemotherapy: a retrospective study. BMC Cancer. 2020;20(1):729. Published 2020 Aug 5. doi:10.1186/s12885-020-07225-1.

[302] Matsuzaki S, Klar M, Matsuzaki S, Roman LD, Sood AK, Matsuo K. Uterine carcinosarcoma: Contemporary clinical summary, molecular updates, and future research opportunity. Gynecol Oncol. 2021;160(2):586-601. doi:10.1016/j.ygyno.2020.10.043.

[303] Matz EL, Hsieh MH. Review of Advances in Uroprotective Agents for Cyclophosphamide- and Ifosfamide-induced Hemorrhagic Cystitis. Urology. 2017;100:16-19. doi:10.1016/j.urology.2016.07.030.

[304] McArthur K, Kile BT. Apoptotic Caspases: Multiple or Mistaken Identities?. Trends Cell Biol. 2018;28(6):475-493. doi:10.1016/j.tcb.2018.02.003.

[305] McCluggage WG, Stewart CJR. SWI/SNF-deficient malignancies of the female genital tract. Semin Diagn Pathol. 2021;38(3):199-211. doi:10.1053/j.semdp.2020.08.003.

[306] McConechy MK, Hoang LN, Chui MH, et al. In-depth molecular profiling of the biphasic components of uterine carcinosarcomas. J Pathol Clin Res. 2015;1(3):173-185. Published 2015 Apr 9. doi:10.1002/cjp2.18.

[307] McGuire WP, Blessing JA, Moore D, Lentz SS, Photopulos G. Paclitaxel has moderate activity in squamous cervix cancer. A Gynecologic Oncology Group study. J Clin Oncol. 1996;14(3):792-795. doi:10.1200/JCO.1996.14.3.792.

[308] Mehenni H, Resta N, Park JG, Miyaki M, Guanti G, Costanza MC. Cancer risks in LKB1 germline mutation carriers. Gut. 2006;55(7):984-990. doi:10.1136/gut.2005.082990.

[309] Micetich KC, Barnes D, Erickson LC. A comparative study of the cytotoxicity and DNA-damaging effects of cis-(diammino)(1,1-cyclobutanedicarboxylato)-platinum(II) and cis-diamminedichloroplatinum(II) on L1210 cells. Cancer Res. 1985;45(9):4043-4047.

[310] Michikami H, Minaguchi T, Ochi H, et al. Safety and efficacy of substituting nedaplatin after carboplatin hypersensitivity reactions in gynecologic malignancies. J Obstet Gynaecol Res. 2013;39(1):330-335. doi:10.1111/j.1447-0756.2012.01893.x.

[311] Miller CR, Chappell NP, Sledge C, et al. Are different methotrexate regimens as first line therapy for low risk gestational trophoblastic neoplasia more cost effective than the dactinomycin regimen used in GOG 0174?. Gynecol Oncol. 2017;144(1):125-129. doi:10.1016/j.ygyno.2016.10.038.

[312] Miller DS, Filiaci VL, Mannel RS, et al. Carboplatin and Paclitaxel for Advanced Endometrial

# 参考文献

Cancer: Final Overall Survival and Adverse Event Analysis of a Phase III Trial (NRG Oncology/GOG0209). J Clin Oncol. 2020;38(33):3841-3850. doi:10.1200/JCO.20.01076.

[313] Miller K, Wang M, Gralow J, et al. Paclitaxel plus bevacizumab versus paclitaxel alone for metastatic breast cancer. N Engl J Med. 2007;357(26):2666-2676. doi:10.1056/NEJMoa072113.

[314] Minagawa Y, Kigawa J, Kanamori Y, et al. Feasibility study comparing docetaxel-cisplatin versus docetaxel-carboplatin as first-line chemotherapy for ovarian cancer. Gynecol Oncol. 2006;101(3):495-498. doi:10.1016/j.ygyno.2005.11.020.

[315] Minami H, Sai K, Saeki M, et al. Irinotecan pharmacokinetics/pharmacodynamics and UGT1A genetic polymorphisms in Japanese: roles of UGT1A1*6 and *28. Pharmacogenet Genomics. 2007;17(7):497-504. doi:10.1097/FPC.0b013e328014341f.

[316] Mini E, Nobili S, Caciagli B, Landini I, Mazzei T. Cellular pharmacology of gemcitabine. Ann Oncol. 2006;17 Suppl 5:v7-v12. doi:10.1093/annonc/mdj941.

[317] Minoo P, Wang HY. ALK-immunoreactive neoplasms. Int J Clin Exp Pathol. 2012;5(5):397-410.

[318] Mirza MR, Monk BJ, Herrstedt J, et al. Niraparib Maintenance Therapy in Platinum-Sensitive, Recurrent Ovarian Cancer. N Engl J Med. 2016;375(22):2154-2164. doi:10.1056/NEJMoa1611310.

[319] Mirza MR, Åvall Lundqvist E, Birrer MJ, et al. Niraparib plus bevacizumab versus niraparib alone for platinum-sensitive recurrent ovarian cancer (NSGO-AVANOVA2/ENGOT-ov24): a randomised, phase 2, superiority trial. Lancet Oncol. 2019;20(10):1409-1419. doi:10.1016/S1470-2045(19)30515-7.

[320] Miyake T, Ueda Y, Egawa-Takata T, et al. Recurrent endometrial carcinoma: prognosis for patients with recurrence within 6 to 12 months is worse relative to those relapsing at 12 months or later. Am J Obstet Gynecol. 2011;204(6):535.e1-535.e5355. doi:10.1016/j.ajog.2011.02.034.

[321] Mizukami T, Kohno T, Hattori M. CUB and Sushi multiple domains 3 regulates dendrite development. Neurosci Res. 2016;110:11-17. doi:10.1016/j.neures.2016.03.003.

[322] Molecular characterization of mucinous ovarian tumours supports a stratified treatment approach with HER2 targeting in 19% of carcinomas.

[323] Momeni-Boroujeni A, Chiang S. Uterine mesenchymal tumours: recent advances. Histopathology. 2020;76(1):64-75. doi:10.1111/his.14008.

[324] Monk BJ, Sill MW, Burger RA, Gray HJ, Buekers TE, Roman LD. Phase II trial of bevacizumab in the treatment of persistent or recurrent squamous cell carcinoma of the cervix: a gynecologic oncology group study. J Clin Oncol. 2009;27(7):1069-1074. doi:10.1200/JCO.2008.18.9043.

[325] Monk BJ, Sill MW, McMeekin DS, et al. Phase III trial of four cisplatin-containing doublet combinations in stage IVB, recurrent, or persistent cervical carcinoma: a Gynecologic Oncology Group study. J Clin Oncol. 2009;27(28):4649-4655. doi:10.1200/JCO.2009.21.8909.

[326] Moore DH, Blessing JA, McQuellon RP, et al. Phase III study of cisplatin with or without paclitaxel in stage IVB, recurrent, or persistent squamous cell carcinoma of the cervix: a gynecologic oncology group study. J Clin Oncol. 2004;22(15):3113-3119. doi:10.1200/JCO.2004.04.170.

[327] Moore K, Colombo N, Scambia G, et al. Maintenance Olaparib in Patients with Newly Diagnosed Advanced Ovarian Cancer. N Engl J Med. 2018;379(26):2495-2505. doi:10.1056/NEJMoa1810858.

[328] Moore KN, Secord AA, Geller MA, et al. Niraparib monotherapy for late-line treatment of ovarian cancer (QUADRA): a multicentre, open-label, single-arm, phase 2 trial [published correction appears in Lancet Oncol. 2019 May;20(5):e242]. Lancet Oncol. 2019;20(5):636-648.

# 参考文献

doi:10.1016/S1470-2045(19)30029-4.

[329] Morgado M, Plácido A, Morgado S, Roque F. Management of the Adverse Effects of Immune Checkpoint Inhibitors. Vaccines (Basel). 2020;8(4):575. Published 2020 Oct 1. doi:10.3390/vaccines8040575.

[330] Mori K, Kondo T, Kamiyama Y, Kano Y, Tominaga K. Preventive effect of Kampo medicine (Hangeshashin-to) against irinotecan-induced diarrhea in advanced non-small-cell lung cancer. Cancer Chemother Pharmacol. 2003;51(5):403-406. doi:10.1007/s00280-003-0585-0.

[331] Morris M, Brader KR, Burke TW, Levenback CF, Gershenson DM. A phase II study of prolonged oral etoposide in advanced or recurrent carcinoma of the cervix. Gynecol Oncol. 1998;70(2):215-218. doi:10.1006/gyno.1998.5061.

[332] Motzer RJ, Bajorin DF, Schwartz LH, et al. Phase II trial of paclitaxel shows antitumor activity in patients with previously treated germ cell tumors. J Clin Oncol. 1994;12(11):2277-2283. doi:10.1200/JCO.1994.12.11.2277.

[333] Mousavi A, Cheraghi F, Yarandi F, Gilani MM, Shojaei H. Comparison of pulsed actinomycin D versus 5-day methotrexate for the treatment of low-risk gestational trophoblastic disease. Int J Gynaecol Obstet. 2012;116(1):39-42. doi:10.1016/j.ijgo.2011.08.003.

[334] Mulvany NJ, Allen DG, Wilson SM. Diagnostic utility of p16INK4a: a reappraisal of its use in cervical biopsies. Pathology. 2008;40(4):335-344. doi:10.1080/00313020802035907.

[335] Murakami R, Matsumura N, Brown JB, et al. Exome Sequencing Landscape Analysis in Ovarian Clear Cell Carcinoma Shed Light on Key Chromosomal Regions and Mutation Gene Networks. Am J Pathol. 2017;187(10):2246-2258. doi:10.1016/j.ajpath.2017.06.012.

[336] Muraki K, Koyama R, Honma Y, et al. Hydration with magnesium and mannitol without furosemide prevents the nephrotoxicity induced by cisplatin and pemetrexed in patients with advanced non-small cell lung cancer. J Thorac Dis. 2012;4(6):562-568. doi:10.3978/j.issn.2072-1439.2012.10.16.

[337] Mutch DG, Orlando M, Goss T, et al. Randomized phase III trial of gemcitabine compared with pegylated liposomal doxorubicin in patients with platinum-resistant ovarian cancer. J Clin Oncol. 2007;25(19):2811-2818. doi:10.1200/JCO.2006.09.6735.

[338] Myriad Mutation Prevalence Table. (https://webapps.myriad.com/brca-risk-calculator/calc-embed.html).

[339] NCCN Clinical Practice Guidelines in Oncology: Antiemesis. Version 2.2020.

[340] NDP 添付文書. 2017年5月改訂(第10版, 承継に伴う改訂). (https://www.info.pmda.go.jp/go/pack/4291405F1025_2_02/).

[341] Nagao S, Fujiwara K, Imafuku N, et al. Difference of carboplatin clearance estimated by the Cockroft-Gault, Jelliffe, Modified-Jelliffe, Wright or Chatelut formula. Gynecol Oncol. 2005;99(2):327-333. doi:10.1016/j.ygyno.2005.06.003.

[342] Nagase S, Ohta T, Takahashi F, Yaegashi N; Board members of the 2020 Committee on Gynecologic Oncology of the Japan Society of Obstetrics and Gynecology. Annual report of the Committee on Gynecologic Oncology, the Japan Society of Obstetrics and Gynecology: Annual patient report for 2017 and annual treatment report for 2012. J Obstet Gynaecol Res. 2021;47(5):1631-1642. doi:10.1111/jog.14724.

[343] Nasioudis D, Chapman-Davis E, Frey MK, Caputo TA, Holcomb K. Management and prognosis of ovarian yolk sac tumors; an analysis of the National Cancer Data Base. Gynecol Oncol. 2017;147(2):296-301. doi:10.1016/j.ygyno.2017.08.013.

## 参考文献

[344] Nebot-Bral L, Brandao D, Verlingue L, et al. Hypermutated tumours in the era of immunotherapy: The paradigm of personalised medicine. Eur J Cancer. 2017;84:290-303. doi:10.1016/j.ejca.2017.07.026.

[345] Ngan HYS, Seckl MJ, Berkowitz RS, et al. Update on the diagnosis and management of gestational trophoblastic disease. Int J Gynaecol Obstet. 2018;143 Suppl 2:79-85. doi:10.1002/ijgo.12615.

[346] Ngeow J, Sesock K, Eng C. Breast cancer risk and clinical implications for germline PTEN mutation carriers. Breast Cancer Res Treat. 2017;165(1):1-8. doi:10.1007/s10549-015-3665-z.

[347] Nicolás I, Marimon L, Barnadas E, et al. HPV-negative tumors of the uterine cervix. Mod Pathol. 2019;32(8):1189-1196. doi:10.1038/s41379-019-0249-1.

[348] Niraparib 添付文書. 2020 年 11 月改訂 第 2 版. (https://www.info.pmda.go.jp/go/pack/4291068M1027_1_02/?view=frame&style=XML&lang=ja).

[349] Nishio S, Shimokawa M, Tasaki K, et al. A phase II trial of irinotecan in patients with advanced or recurrent endometrial cancer and correlation with biomarker analysis. Gynecol Oncol. 2018;150(3):432-437. doi:10.1016/j.ygyno.2018.07.014.

[350] Noda K, Ikeda M, Yakushiji M, et al. Gan To Kagaku Ryoho. 1992;19(6):885-892.

[351] Noh JM, Park W, Kim YS, et al. Comparison of clinical outcomes of adenocarcinoma and adenosquamous carcinoma in uterine cervical cancer patients receiving surgical resection followed by radiotherapy: a multicenter retrospective study (KROG 13-10). Gynecol Oncol. 2014;132(3):618-623. doi:10.1016/j.ygyno.2014.01.043.

[352] Nomura H, Aoki D, Takahashi F, et al. Randomized phase II study comparing docetaxel plus cisplatin, docetaxel plus carboplatin, and paclitaxel plus carboplatin in patients with advanced or recurrent endometrial carcinoma: a Japanese Gynecologic Oncology Group study (JGOG2041). Ann Oncol. 2011;22(3):636-642. doi:10.1093/annonc/mdq401.

[353] Nusse R, Clevers H. Wnt/$\beta$-Catenin Signaling, Disease, and Emerging Therapeutic Modalities. Cell. 2017;169(6):985-999. doi:10.1016/j.cell.2017.05.016.

[354] O'Brien ME, Wigler N, Inbar M, et al. Reduced cardiotoxicity and comparable efficacy in a phase III trial of pegylated liposomal doxorubicin HCl (CAELYX/Doxil) versus conventional doxorubicin for first-line treatment of metastatic breast cancer. Ann Oncol. 2004;15(3):440-449. doi:10.1093/annonc/mdh097.

[355] O'Sullivan JM, Huddart RA, Norman AR, Nicholls J, Dearnaley DP, Horwich A. Predicting the risk of bleomycin lung toxicity in patients with germ-cell tumours. Ann Oncol. 2003;14(1):91-96. doi:10.1093/annonc/mdg020.

[356] Obermair A, Asher R, Pareja R, et al. Incidence of adverse events in minimally invasive vs open radical hysterectomy in early cervical cancer: results of a randomized controlled trial [published correction appears in Am J Obstet Gynecol. 2020 Nov;223(5):757]. Am J Obstet Gynecol. 2020;222(3):249.e1-249.e10. doi:10.1016/j.ajog.2019.09.036.

[357] Oda K, Hamanishi J, Matsuo K, Hasegawa K. Genomics to immunotherapy of ovarian clear cell carcinoma: Unique opportunities for management. Gynecol Oncol. 2018;151(2):381-389. doi:10.1016/j.ygyno.2018.09.001.

[358] Office of the Commissioner,Office of Clinical Policy and Programs, FDA. Guidance for the Use of Bayesian Statistics in Medical Device Clinical Trials(https://www.fda.gov/regulatory-information/search-fda-guidance-documents/guidance-use-bayesian-statistics-medical-device-clinical-trials).

## 参考文献

[359] Oguri T, Shimokata T, Ito I, et al. Extension of the Calvert formula to patients with severe renal insufficiency. Cancer Chemother Pharmacol. 2015;76(1):53-59. doi:10.1007/s00280-015-2769-9.

[360] Ohara T, Kobayashi Y, Yoshida A, et al. Combination of irinotecan (CPT-11) and nedaplatin (NDP) for recurrent patients with uterine cervical cancer. Int J Clin Oncol. 2013;18(6):1102-1106. doi:10.1007/s10147-012-0487-4.

[361] Olaparib 添付文書，2020 年 12 月改訂．
(https://www.info.pmda.go.jp/go/pack/4291052F1027_1_04/#WARNINGS).

[362] Oliva E, Young RH, Amin MB, Clement PB. An immunohistochemical analysis of endometrial stromal and smooth muscle tumors of the uterus: a study of 54 cases emphasizing the importance of using a panel because of overlap in immunoreactivity for individual antibodies. Am J Surg Pathol. 2002;26(4):403-412. doi:10.1097/00000478-200204000-00001.

[363] Onda T, Satoh T, Ogawa G, et al. Comparison of survival between primary debulking surgery and neoadjuvant chemotherapy for stage III/IV ovarian, tubal and peritoneal cancers in phase III randomised trial. Eur J Cancer. 2020;130:114-125. doi:10.1016/j.ejca.2020.02.020.

[364] Oppel F, Tao T, Shi H, et al. Loss of atrx cooperates with p53-deficiency to promote the development of sarcomas and other malignancies. PLoS Genet. 2019;15(4):e1008039. Published 2019 Apr 10. doi:10.1371/journal.pgen.1008039.

[365] Osataphan N, Phrommintikul A, Chattipakorn SC, Chattipakorn N. Effects of doxorubicin-induced cardiotoxicity on cardiac mitochondrial dynamics and mitochondrial function: Insights for future interventions. J Cell Mol Med. 2020;24(12):6534-6557. doi:10.1111/jcmm.15705.

[366] Ottaviano M, Giunta EF, Tortora M, et al. BRAF Gene and Melanoma: Back to the Future. Int J Mol Sci. 2021;22(7):3474. Published 2021 Mar 27. doi:10.3390/ijms22073474.

[367] Ozols RF, Bundy BN, Greer BE, et al. Phase III trial of carboplatin and paclitaxel compared with cisplatin and paclitaxel in patients with optimally resected stage III ovarian cancer: a Gynecologic Oncology Group study. J Clin Oncol. 2003;21(17):3194-3200. doi:10.1200/JCO.2003.02.153.

[368] PEM 添付文書．2020 年 8 月改訂(第 3 版)．(https://www.info.pmda.go.jp/go/pack/4291435A2025_1_03/)

[369] PLD FDA label. (https://dailymed.nlm.nih.gov/dailymed/drugInfo.cfm?setid=1c153e9e-4cf2-4ac7-9cf9-16f9b48d7dce).

[370] PLD 添付文書 2021 年 1 月改訂 (第 9 版)．(https://www.info.pmda.go.jp/go/pack/4235402A1025_1_10/).

[371] PMDA．コンパニオン診断薬等の情報 (https://www.pmda.go.jp/review-services/drug-reviews/review-information/cd/0001.html).

[372] PTX FDA label. (https://dailymed.nlm.nih.gov/dailymed/drugInfo.cfm?setid=9ffd3e34-537f-4f65-b00e-57c25bab3b01).

[373] PTX 添付文書．2018 年 2 月改訂 (第 26 版)．
(https://www.info.pmda.go.jp/go/pack/4240406A1031_1_21/).

[374] Parra-Herran C, Lerner-Ellis J, Xu B, et al. Molecular-based classification algorithm for endometrial carcinoma categorizes ovarian endometrioid carcinoma into prognostically significant groups. Mod Pathol. 2017;30(12):1748-1759. doi:10.1038/modpathol.2017.81.

[375] Pautier P, Floquet A, Gladieff L, et al. A randomized clinical trial of adjuvant chemotherapy with doxorubicin, ifosfamide, and cisplatin followed by radiotherapy versus radiotherapy alone in patients with localized uterine sarcomas (SARCGYN study). A study of the French Sarcoma Group. Ann Oncol. 2013;24(4):1099-1104. doi:10.1093/annonc/mds545.

# 参考文献

[376] Paver E, O'Toole S, Cheng XM, Mahar A, Cooper WA. Updates in the molecular pathology of non-small cell lung cancer [published online ahead of print, 2021 Apr 25]. Semin Diagn Pathol. 2021;S0740-2570(21)00018-6. doi:10.1053/j.semdp.2021.04.001.

[377] Pazopanib 添付文書. 2020 年 12 月改訂（第 1 版）. (https://www.info.pmda.go.jp/go/pack/4291028F1023_2_06/).

[378] Pearl ML, Johnston CM, McMeekin DS. A phase II study of weekly docetaxel for patients with advanced or recurrent cancer of the cervix. Gynecol Obstet Invest. 2007;64(4):193-198. doi:10.1159/000106489.

[379] Pectasides D, Pectasides E, Economopoulos T. Systemic therapy in metastatic or recurrent endometrial cancer. Cancer Treat Rev. 2007;33(2):177-190. doi:10.1016/j.ctrv.2006.10.007.

[380] Pedersen-Bjergaard J, Daugaard G, Hansen SW, Philip P, Larsen SO, Rørth M. Increased risk of myelodysplasia and leukaemia after etoposide, cisplatin, and bleomycin for germ-cell tumours. Lancet. 1991;338(8763):359-363. doi:10.1016/0140-6736(91)90490-g.

[381] Penson RT, Huang HQ, Wenzel LB, et al. Bevacizumab for advanced cervical cancer: patient-reported outcomes of a randomised, phase 3 trial (NRG Oncology-Gynecologic Oncology Group protocol 240) [published correction appears in Lancet Oncol. 2016 Jan;17(1):e6]. Lancet Oncol. 2015;16(3):301-311. doi:10.1016/S1470-2045(15)70004-5.

[382] Penson RT, Valencia RV, Cibula D, et al. Olaparib Versus Nonplatinum Chemotherapy in Patients With Platinum-Sensitive Relapsed Ovarian Cancer and a Germline BRCA1/2 Mutation (SOLO3): A Randomized Phase III Trial. J Clin Oncol. 2020;38(11):1164-1174. doi:10.1200/JCO.19.02745.

[383] Peres LC, Cushing-Haugen KL, Anglesio M, et al. Histotype classification of ovarian carcinoma: A comparison of approaches. Gynecol Oncol. 2018;151(1):53-60. doi:10.1016/j.ygyno.2018.08.016.

[384] Peres LC, Cushing-Haugen KL, Köbel M, et al. Invasive Epithelial Ovarian Cancer Survival by Histotype and Disease Stage. J Natl Cancer Inst. 2019;111(1):60-68. doi:10.1093/jnci/djy071.

[385] Perren TJ, Swart AM, Pfisterer J, et al. A phase 3 trial of bevacizumab in ovarian cancer [published correction appears in N Engl J Med. 2012 Jan 19;366(3):284]. N Engl J Med. 2011;365(26):2484-2496. doi:10.1056/NEJMoa1103799.

[386] Perrotti D, Neviani P. Protein phosphatase 2A: a target for anticancer therapy. Lancet Oncol. 2013;14(6):e229-e238. doi:10.1016/S1470-2045(12)70558-2.

[387] Pfisterer J, Plante M, Vergote I, et al. Gemcitabine plus carboplatin compared with carboplatin in patients with platinum-sensitive recurrent ovarian cancer: an intergroup trial of the AGO-OVAR, the NCIC CTG, and the EORTC GCG. J Clin Oncol. 2006;24(29):4699-4707. doi:10.1200/JCO.2006.06.0913.

[388] Pfisterer J, Shannon CM, Baumann K, et al. Bevacizumab and platinum-based combinations for recurrent ovarian cancer: a randomised, open-label, phase 3 trial. Lancet Oncol. 2020;21(5):699-709. doi:10.1016/S1470-2045(20)30142-X.

[389] Piccart MJ, Bertelsen K, James K, et al. Randomized intergroup trial of cisplatin-paclitaxel versus cisplatin-cyclophosphamide in women with advanced epithelial ovarian cancer: three-year results. J Natl Cancer Inst. 2000;92(9):699-708. doi:10.1093/jnci/92.9.699.

[390] Pierrat A, Gravier E, Saunders C, et al. Predicting GFR in children and adults: a comparison of the Cockcroft-Gault, Schwartz, and modification of diet in renal disease formulas. Kidney Int. 2003;64(4):1425-1436. doi:10.1046/j.1523-1755.2003.00208.x.

[391] Pierson WE, Peters PN, Chang MT, et al. An integrated molecular profile of endometrioid ovarian

cancer. Gynecol Oncol. 2020;157(1):55-61. doi:10.1016/j.ygyno.2020.02.011.

[392] Pignata S, Lorusso D, Joly F, et al. Carboplatin-based doublet plus bevacizumab beyond progression versus carboplatin-based doublet alone in patients with platinum-sensitive ovarian cancer: a randomised, phase 3 trial. Lancet Oncol. 2021;22(2):267-276. doi:10.1016/S1470-2045(20)30637-9.

[393] Pignata S, Scambia G, Ferrandina G, et al. Carboplatin plus paclitaxel versus carboplatin plus pegylated liposomal doxorubicin as first-line treatment for patients with ovarian cancer: the MITO-2 randomized phase III trial. J Clin Oncol. 2011;29(27):3628-3635. doi:10.1200/JCO.2010.33.8566.

[394] Pignata S, Scambia G, Katsaros D, et al. Carboplatin plus paclitaxel once a week versus every 3 weeks in patients with advanced ovarian cancer (MITO-7): a randomised, multicentre, open-label, phase 3 trial. Lancet Oncol. 2014;15(4):396-405. doi:10.1016/S1470-2045(14)70049-X.

[395] Pivot X, Schneeweiss A, Verma S, et al. Efficacy and safety of bevacizumab in combination with docetaxel for the first-line treatment of elderly patients with locally recurrent or metastatic breast cancer: results from AVADO. Eur J Cancer. 2011;47(16):2387-2395. doi:10.1016/j.ejca.2011.06.018.

[396] Prat J, D'Angelo E, Espinosa I. Ovarian carcinomas: at least five different diseases with distinct histological features and molecular genetics. Hum Pathol. 2018;80:11-27. doi:10.1016/j.humpath.2018.06.018.

[397] Pronk LC, Schellens JH, Planting AS, et al. Phase I and pharmacologic study of docetaxel and cisplatin in patients with advanced solid tumors. J Clin Oncol. 1997;15(3):1071-1079. doi:10.1200/JCO.1997.15.3.1071.

[398] Préfontaine M, Donovan JT, Powell JL, Buley L. Treatment of refractory ovarian cancer with 5-fluorouracil and leucovorin. Gynecol Oncol. 1996;61(2):249-252. doi:10.1006/gyno.1996.0134.

[399] Pudewell S, Wittich C, Kazemein Jasemi NS, Bazgir F, Ahmadian MR. Accessory proteins of the RAS-MAPK pathway: moving from the side line to the front line. Commun Biol. 2021;4(1):696. Published 2021 Jun 8. doi:10.1038/s42003-021-02149-3.

[400] Pujade-Lauraine E, Hilpert F, Weber B, et al. Bevacizumab combined with chemotherapy for platinum-resistant recurrent ovarian cancer: The AURELIA open-label randomized phase III trial [published correction appears in J Clin Oncol. 2014 Dec 10;32(35):4025]. J Clin Oncol. 2014;32(13):1302-1308. doi:10.1200/JCO.2013.51.4489.

[401] Pujade-Lauraine E, Ledermann JA, Selle F, et al. Olaparib tablets as maintenance therapy in patients with platinum-sensitive, relapsed ovarian cancer and a BRCA1/2 mutation (SOLO2/ENGOT-Ov21): a double-blind, randomised, placebo-controlled, phase 3 trial [published correction appears in Lancet Oncol. 2017 Sep;18(9):e510]. Lancet Oncol. 2017;18(9):1274-1284. doi:10.1016/S1470-2045(17)30469-2.

[402] Pujade-Lauraine E, Wagner U, Aavall-Lundqvist E, et al. Pegylated liposomal Doxorubicin and Carboplatin compared with Paclitaxel and Carboplatin for patients with platinum-sensitive ovarian cancer in late relapse. J Clin Oncol. 2010;28(20):3323-3329. doi:10.1200/JCO.2009.25.7519.

[403] Raffone A, Travaglino A, Mascolo M, et al. Histopathological characterization of ProMisE molecular groups of endometrial cancer. Gynecol Oncol. 2020;157(1):252-259. doi:10.1016/j.ygyno.2020.01.008.

[404] Raffone A, Travaglino A, Saccone G, et al. PTEN expression in endometrial hyperplasia and risk

of cancer: a systematic review and meta-analysis. Arch Gynecol Obstet. 2019;299(6):1511-1524. doi:10.1007/s00404-019-05123-x.

[405] Ramirez PT, Frumovitz M, Pareja R, et al. Minimally Invasive versus Abdominal Radical Hysterectomy for Cervical Cancer. N Engl J Med. 2018;379(20):1895-1904. doi:10.1056/NEJMoa1806395.

[406] Randall ME, Filiaci VL, Muss H, et al. Randomized phase III trial of whole-abdominal irradiation versus doxorubicin and cisplatin chemotherapy in advanced endometrial carcinoma: a Gynecologic Oncology Group Study. J Clin Oncol. 2006;24(1):36-44. doi:10.1200/JCO.2004.00.7617.

[407] Ray-Coquard I, Pautier P, Pignata S, et al. Olaparib plus Bevacizumab as First-Line Maintenance in Ovarian Cancer. N Engl J Med. 2019;381(25):2416-2428. doi:10.1056/NEJMoa1911361.

[408] Reid BM, Permuth JB, Sellers TA. Epidemiology of ovarian cancer: a review. Cancer Biol Med. 2017;14(1):9-32. doi:10.20892/j.issn.2095-3941.2016.0084.

[409] Remmerie M, Janssens V. PP2A: A Promising Biomarker and Therapeutic Target in Endometrial Cancer. Front Oncol. 2019;9:462. Published 2019 Jun 4. doi:10.3389/fonc.2019.00462.

[410] Robert NJ, Diéras V, Glaspy J, et al. RIBBON-1: randomized, double-blind, placebo-controlled, phase III trial of chemotherapy with or without bevacizumab for first-line treatment of human epidermal growth factor receptor 2-negative, locally recurrent or metastatic breast cancer. J Clin Oncol. 2011;29(10):1252-1260. doi:10.1200/JCO.2010.28.0982.

[411] Rodríguez-Carunchio L, Soveral I, Steenbergen RD, et al. HPV-negative carcinoma of the uterine cervix: a distinct type of cervical cancer with poor prognosis. BJOG. 2015;122(1):119-127. doi:10.1111/1471-0528.13071.

[412] Rosa-Rosa JM, Leskelä S, Cristóbal-Lana E, et al. Molecular genetic heterogeneity in undifferentiated endometrial carcinomas [published correction appears in Mod Pathol. 2016 Dec;29(12):1594]. Mod Pathol. 2016;29(11):1390-1398. doi:10.1038/modpathol.2016.132.

[413] Rose PG, Blessing JA, Ball HG, et al. A phase II study of docetaxel in paclitaxel-resistant ovarian and peritoneal carcinoma: a Gynecologic Oncology Group study. Gynecol Oncol. 2003;88(2):130-135. doi:10.1016/s0090-8258(02)00091-4.

[414] Rose PG, Blessing JA, Mayer AR, Homesley HD. Prolonged oral etoposide as second-line therapy for platinum-resistant and platinum-sensitive ovarian carcinoma: a Gynecologic Oncology Group study. J Clin Oncol. 1998;16(2):405-410. doi:10.1200/JCO.1998.16.2.405.

[415] Rose PG, Blessing JA, Van Le L, Waggoner S. Prolonged oral etoposide in recurrent or advanced squamous cell carcinoma of the cervix: a gynecologic oncology group study. Gynecol Oncol. 1998;70(2):263-266. doi:10.1006/gyno.1998.5097.

[416] Rose PG, Bundy BN, Watkins EB, et al. Concurrent cisplatin-based radiotherapy and chemotherapy for locally advanced cervical cancer [published correction appears in N Engl J Med 1999 Aug 26;341(9):708]. N Engl J Med. 1999;340(15):1144-1153. doi:10.1056/NEJM199904153401502.

[417] Rose PG, Nerenstone S, Brady MF, et al. Secondary surgical cytoreduction for advanced ovarian carcinoma. N Engl J Med. 2004;351(24):2489-2497. doi:10.1056/NEJMoa041125.

[418] Rothenberg ML. Topoisomerase I inhibitors: review and update. Ann Oncol. 1997;8(9):837-855. doi:10.1023/a:1008270717294.

[419] Rowinsky EK, Gilbert MR, McGuire WP, et al. Sequences of taxol and cisplatin: a phase I and pharmacologic study. J Clin Oncol. 1991;9(9):1692-1703. doi:10.1200/JCO.1991.9.9.1692.

[420] Ryman JT, Meibohm B. Pharmacokinetics of Monoclonal Antibodies. CPT Pharmacometrics Syst Pharmacol. 2017;6(9):576-588. doi:10.1002/psp4.12224.

# 参考文献

[421] Rüschoff J, Nagelmeier I, Jasani B, Stoss O. ISH-based HER2 diagnostics [published online ahead of print, 2020 Dec 21]. ISH-basierte HER2-Diagnostik [published online ahead of print, 2020 Dec 21]. Pathologe. 2020;10.1007/s00292-020-00878-6. doi:10.1007/s00292-020-00878-6.

[422] Sacco JJ, Coulson JM, Clague MJ, Urbé S. Emerging roles of deubiquitinases in cancer-associated pathways. IUBMB Life. 2010;62(2):140-157. doi:10.1002/iub.300.

[423] Saito H, Takada Y, Ichinose Y, et al. Phase II study of etoposide and cisplatin with concurrent twice-daily thoracic radiotherapy followed by irinotecan and cisplatin in patients with limited-disease small-cell lung cancer: West Japan Thoracic Oncology Group 9902. J Clin Oncol. 2006;24(33):5247-5252. doi:10.1200/JCO.2006.07.1605.

[424] Santandrea G, Piana S, Valli R, et al. Immunohistochemical Biomarkers as a Surrogate of Molecular Analysis in Ovarian Carcinomas: A Review of the Literature. Diagnostics (Basel). 2021;11(2):199. Published 2021 Jan 29. doi:10.3390/diagnostics11020199.

[425] Santoro A, Angelico G, Travaglino A, et al. Clinico-pathological significance of TCGA classification and SWI/SNF proteins expression in undifferentiated/dedifferentiated endometrial carcinoma: A possible prognostic risk stratification. Gynecol Oncol. 2021;161(2):629-635. doi:10.1016/j.ygyno.2021.02.029.

[426] Sarkaria JN, Kitange GJ, James CD, et al. Mechanisms of chemoresistance to alkylating agents in malignant glioma. Clin Cancer Res. 2008;14(10):2900-2908. doi:10.1158/1078-0432.CCR-07-1719.

[427] Sasich LD, Sukkari SR. The US FDAs withdrawal of the breast cancer indication for Avastin (bevacizumab). Saudi Pharm J. 2012;20(4):381-385. doi:10.1016/j.jsps.2011.12.001.

[428] Satoh T, Aoki Y, Kasamatsu T, et al. Administration of standard-dose BEP regimen (bleomycin+etoposide+cisplatin) is essential for treatment of ovarian yolk sac tumour. Eur J Cancer. 2015;51(3):340-351. doi:10.1016/j.ejca.2014.12.004.

[429] Savage J, Adams E, Veras E, Murphy KM, Ronnett BM. Choriocarcinoma in Women: Analysis of a Case Series With Genotyping. Am J Surg Pathol. 2017;41(12):1593-1606. doi:10.1097/PAS.0000000000000937.

[430] Schenkel LC, Kernohan KD, McBride A, et al. Identification of epigenetic signature associated with alpha thalassemia/mental retardation X-linked syndrome. Epigenetics Chromatin. 2017;10:10. Published 2017 Mar 10. doi:10.1186/s13072-017-0118-4.

[431] Schultheis AM, Martelotto LG, De Filippo MR, et al. TP53 Mutational Spectrum in Endometrioid and Serous Endometrial Cancers. Int J Gynecol Pathol. 2016;35(4):289-300. doi:10.1097/PGP.0000000000000243.

[432] Schwartz LH, Litière S, de Vries E, et al. RECIST 1.1-Update and clarification: From the RECIST committee. Eur J Cancer. 2016;62:132-137. doi:10.1016/j.ejca.2016.03.081.

[433] Schöffski P, Chawla S, Maki RG, et al. Eribulin versus dacarbazine in previously treated patients with advanced liposarcoma or leiomyosarcoma: a randomised, open-label, multicentre, phase 3 trial. Lancet. 2016;387(10028):1629-1637. doi:10.1016/S0140-6736(15)01283-0.

[434] Sebire NJ, Lindsay I, Fisher RA, Seckl MJ. Intraplacental choriocarcinoma: experience from a tertiary referral center and relationship with infantile choriocarcinoma. Fetal Pediatr Pathol. 2005;24(1):21-29. doi:10.1080/15227950590961180.

[435] Seddon B, Strauss SJ, Whelan J, et al. Gemcitabine and docetaxel versus doxorubicin as first-line treatment in previously untreated advanced unresectable or metastatic soft-tissue sarcomas (GeDDiS): a randomised controlled phase 3 trial. Lancet Oncol. 2017;18(10):1397-1410. doi:10.1016/S1470-2045(17)30622-8.

## 参考文献

[436] Sehouli J, Braicu EI, Richter R, et al. Prognostic significance of Ki-67 levels and hormone receptor expression in low-grade serous ovarian carcinoma: an investigation of the Tumor Bank Ovarian Cancer Network. Hum Pathol. 2019;85:299-308. doi:10.1016/j.humpath.2018.10.020.

[437] Shaikh F, Cullen JW, Olson TA, et al. Reduced and Compressed Cisplatin-Based Chemotherapy in Children and Adolescents With Intermediate-Risk Extracranial Malignant Germ Cell Tumors: A Report From the Children's Oncology Group. J Clin Oncol. 2017;35(11):1203-1210. doi:10.1200/JCO.2016.67.6544.

[438] Sharma R, Tobin P, Clarke SJ. Management of chemotherapy-induced nausea, vomiting, oral mucositis, and diarrhoea. Lancet Oncol. 2005;6(2):93-102. doi:10.1016/S1470-2045(05)01735-3.

[439] Shi T, Zhu J, Feng Y, et al. Secondary cytoreduction followed by chemotherapy versus chemotherapy alone in platinum-sensitive relapsed ovarian cancer (SOC-1): a multicentre, open-label, randomised, phase 3 trial. Lancet Oncol. 2021;22(4):439-449. doi:10.1016/S1470-2045(21)00006-1.

[440] Shi X, Wang J, Lei Y, Cong C, Tan D, Zhou X. Research progress on the PI3K/AKT signaling pathway in gynecological cancer (Review). Mol Med Rep. 2019;19(6):4529-4535. doi:10.3892/mmr.2019.10121.

[441] Shih IM, Kurman RJ. Epithelioid trophoblastic tumor: a neoplasm distinct from choriocarcinoma and placental site trophoblastic tumor simulating carcinoma. Am J Surg Pathol. 1998;22(11):1393-1403. doi:10.1097/00000478-199811000-00010.

[442] Shimada M, Fujiwara H, Sato S, et al. Area under the curve calculation of nedaplatin dose used in combination chemotherapy with irinotecan in a phase I study of gynecologic malignancies. Cancer Chemother Pharmacol. 2012;70(1):33-38. doi:10.1007/s00280-012-1885-z.

[443] Shoji T, Takatori E, Hatayama S, et al. Phase II study of tri-weekly cisplatin and irinotecan as neoadjuvant chemotherapy for locally advanced cervical cancer. Oncol Lett. 2010;1(3):515-519. doi:10.3892/ol_00000091.

[444] Shou M, Martinet M, Korzekwa KR, Krausz KW, Gonzalez FJ, Gelboin HV. Role of human cytochrome P450 3A4 and 3A5 in the metabolism of taxotere and its derivatives: enzyme specificity, interindividual distribution and metabolic contribution in human liver. Pharmacogenetics. 1998;8(5):391-401. doi:10.1097/00008571-199810000-00004.

[445] Sieh W, Köbel M, Longacre TA, et al. Hormone-receptor expression and ovarian cancer survival: an Ovarian Tumor Tissue Analysis consortium study. Lancet Oncol. 2013;14(9):853-862. doi:10.1016/S1470-2045(13)70253-5.

[446] Sikic BI. Biochemical and cellular determinants of bleomycin cytotoxicity. Cancer Surv. 1986;5(1):81-91.

[447] Simpson AB, Paul J, Graham J, Kaye SB. Fatal bleomycin pulmonary toxicity in the west of Scotland 1991-95: a review of patients with germ cell tumours. Br J Cancer. 1998;78(8):1061-1066. doi:10.1038/bjc.1998.628.

[448] Sloan B, Scheinfeld NS. Pazopanib, a VEGF receptor tyrosine kinase inhibitor for cancer therapy. Curr Opin Investig Drugs. 2008;9(12):1324-1335.

[449] Smith AJB, Jones TN, Miao D, Fader AN. Minimally Invasive Radical Hysterectomy for Cervical Cancer: A Systematic Review and Meta-analysis. J Minim Invasive Gynecol. 2021;28(3):544-555.e7. doi:10.1016/j.jmig.2020.12.023.

[450] Song Y, Xu Y, Pan C, Yan L, Wang ZW, Zhu X. The emerging role of SPOP protein in tumorigenesis

and cancer therapy. Mol Cancer. 2020;19(1):2. Published 2020 Jan 4. doi:10.1186/s12943-019-1124-x.

[451] Sonnichsen DS, Relling MV. Clinical pharmacokinetics of paclitaxel. Clin Pharmacokinet. 1994;27(4):256-269. doi:10.2165/00003088-199427040-00002.

[452] Sostelly A, Mercier F. Tumor Size and Overall Survival in Patients With Platinum-Resistant Ovarian Cancer Treated With Chemotherapy and Bevacizumab. Clin Med Insights Oncol. 2019;13:1179554919852071. Published 2019 May 28. doi:10.1177/1179554919852071.

[453] Stewart CJ, Bowtell DD, Doherty DA, Leung YC. Long-term survival of patients with mismatch repair protein-deficient, high-stage ovarian clear cell carcinoma. Histopathology. 2017;70(2):309-313. doi:10.1111/his.13040.

[454] Stockler MR, Hilpert F, Friedlander M, et al. Patient-reported outcome results from the open-label phase III AURELIA trial evaluating bevacizumab-containing therapy for platinum-resistant ovarian cancer. J Clin Oncol. 2014;32(13):1309-1316. doi:10.1200/JCO.2013.51.4240.

[455] Stovall TG, Ling FW. Single-dose methotrexate: an expanded clinical trial. Am J Obstet Gynecol. 1993;168(6 Pt 1):1759-1765. doi:10.1016/0002-9378(93)90687-e.

[456] Sugiyama E, Kaniwa N, Kim SR, et al. Pharmacokinetics of gemcitabine in Japanese cancer patients: the impact of a cytidine deaminase polymorphism. J Clin Oncol. 2007;25(1):32-42. doi:10.1200/JCO.2006.06.7405.

[457] Sugiyama E, Kaniwa N, Kim SR, et al. Population pharmacokinetics of gemcitabine and its metabolite in Japanese cancer patients: impact of genetic polymorphisms. Clin Pharmacokinet. 2010;49(8):549-558. doi:10.2165/11532970-000000000-00000.

[458] Sugiyama T, Nishida T, Kumagai S, et al. Combination therapy with irinotecan and cisplatin as neoadjuvant chemotherapy in locally advanced cervical cancer. Br J Cancer. 1999;81(1):95-98. doi:10.1038/sj.bjc.6690656.

[459] Sugiyama T, Okamoto A, Enomoto T, et al. Randomized Phase III Trial of Irinotecan Plus Cisplatin Compared With Paclitaxel Plus Carboplatin As First-Line Chemotherapy for Ovarian Clear Cell Carcinoma: JGOG3017/GCIG Trial. J Clin Oncol. 2016;34(24):2881-2887. doi:10.1200/JCO.2016.66.9010.

[460] Sugiyama T, Yakushiji M, Noda K, et al. Phase II study of irinotecan and cisplatin as first-line chemotherapy in advanced or recurrent cervical cancer. Oncology. 2000;58(1):31-37. doi:10.1159/000012076.

[461] Swain SM, Whaley FS, Ewer MS. Congestive heart failure in patients treated with doxorubicin: a retrospective analysis of three trials. Cancer. 2003;97(11):2869-2879. doi:10.1002/cncr.11407.

[462] TOP FDA label. (https://dailymed.nlm.nih.gov/dailymed/drugInfo.cfm?setid=eeee060c-a9ec-423e-a374-8484009f8524).

[463] TOP 添付文書. 2019年2月改訂11. (https://www.info.pmda.go.jp/go/pack/4240408D1037_1_12/)

[464] Tait DL, Blessing JA, Hoffman JS, et al. A phase II study of gemcitabine (gemzar, LY188011) in the treatment of recurrent or persistent endometrial carcinoma: a gynecologic oncology group study. Gynecol Oncol. 2011;121(1):118-121. doi:10.1016/j.ygyno.2010.11.027.

[465] Takahashi K, Takenaka M, Okamoto A, Bowtell DDL, Kohno T. Treatment Strategies for ARID1A-Deficient Ovarian Clear Cell Carcinoma. Cancers (Basel). 2021;13(8):1769. Published 2021 Apr 7. doi:10.3390/cancers13081769.

[466] Takekuma M, Hirashima Y, Ito K, et al. Phase II trial of paclitaxel and nedaplatin in patients with advanced/recurrent uterine cervical cancer: a Kansai Clinical Oncology Group study. Gynecol

## 参考文献

Oncol. 2012;126(3):341-345. doi:10.1016/j.ygyno.2012.05.010.

[467] Takekuma M, Shimokawa M, Nishio S, et al. Phase II study of adjuvant chemotherapy with paclitaxel and nedaplatin for uterine cervical cancer with lymph node metastasis. Cancer Sci. 2018;109(5):1602-1608. doi:10.1111/cas.13577.

[468] Tamura R. Current Understanding of Neurofibromatosis Type 1, 2, and Schwannomatosis. Int J Mol Sci. 2021;22(11):5850. Published 2021 May 29. doi:10.3390/ijms22115850.

[469] Tamura T, Yasutake K, Nishisaki H, et al. Prevention of irinotecan-induced diarrhea by oral sodium bicarbonate and influence on pharmacokinetics. Oncology. 2004;67(5-6):327-337. doi:10.1159/000082915.

[470] Tanyi JL, McCann G, Hagemann AR, et al. Clinical predictors of bevacizumab-associated gastrointestinal perforation. Gynecol Oncol. 2011;120(3):464-469. doi:10.1016/j.ygyno.2010.11.009.

[471] Tate Thigpen J. Contemporary phase III clinical trial endpoints in advanced ovarian cancer: assessing the pros and cons of objective response rate, progression-free survival, and overall survival. Gynecol Oncol. 2015;136(1):121-129. doi:10.1016/j.ygyno.2014.10.010.

[472] Tattersall MH, Sodergren JE, Dengupta SK, Trites DH, Modest EJ, Frei E 3rd. Pharmacokinetics of actinoymcin D in patients with malignant melanoma. Clin Pharmacol Ther. 1975;17(6):701-708. doi:10.1002/cpt1975176701.

[473] Tegafur-uracil 添付文書. 2020年1月改訂(第19版) (https://www.info.pmda.go.jp/go/pack/4229100D3023_1_05/).

[474] Tewari KS, Sill MW, Long HJ 3rd, et al. Improved survival with bevacizumab in advanced cervical cancer [published correction appears in N Engl J Med. 2017 Aug 17;377(7):702]. N Engl J Med. 2014;370(8):734-743. doi:10.1056/NEJMoa1309748.

[475] The Surveillance, Epidemiology, and End Results (SEER) Program. (https://seer.cancer.gov/).

[476] Thigpen JT, Blessing JA, Ball H, Hummel SJ, Barrett RJ. Phase II trial of paclitaxel in patients with progressive ovarian carcinoma after platinum-based chemotherapy: a Gynecologic Oncology Group study. J Clin Oncol. 1994;12(9):1748-1753. doi:10.1200/JCO.1994.12.9.1748.

[477] Thigpen JT, Brady MF, Homesley HD, et al. Phase III trial of doxorubicin with or without cisplatin in advanced endometrial carcinoma: a gynecologic oncology group study. J Clin Oncol. 2004;22(19):3902-3908. doi:10.1200/JCO.2004.02.088.

[478] Toss A, Piombino C, Tenedini E, et al. The Prognostic and Predictive Role of Somatic BRCA Mutations in Ovarian Cancer: Results from a Multicenter Cohort Study. Diagnostics (Basel). 2021;11(3):565. Published 2021 Mar 21. doi:10.3390/diagnostics11030565.

[479] Trabectedin 添付文書. 2021年4月改訂(第1版). (https://www.info.pmda.go.jp/go/pack/4291431D1027_1_06/).

[480] Travaglino A, Raffone A, Mascolo M, et al. TCGA Molecular Subgroups in Endometrial Undifferentiated/Dedifferentiated Carcinoma. Pathol Oncol Res. 2020;26(3):1411-1416. doi:10.1007/s12253-019-00784-0.

[481] Travaglino A, Raffone A, Saccone G, et al. Nuclear expression of β-catenin in endometrial hyperplasia as marker of premalignancy. APMIS. 2019;127(11):699-709. doi:10.1111/apm.12988.

[482] Travaglino A, Raffone A, Stradella C, et al. Impact of endometrial carcinoma histotype on the prognostic value of the TCGA molecular subgroups. Arch Gynecol Obstet. 2020;301(6):1355-1363. doi:10.1007/s00404-020-05542-1.

[483] Tsai HL, Huang CW, Lin YW, et al. Determination of the UGT1A1 polymorphism as guidance for

irinotecan dose escalation in metastatic colorectal cancer treated with first-line bevacizumab and FOLFIRI (PURE FIST). Eur J Cancer. 2020;138:19-29. doi:10.1016/j.ejca.2020.05.031.

[484] Tsang YT, Deavers MT, Sun CC, et al. KRAS (but not BRAF) mutations in ovarian serous borderline tumour are associated with recurrent low-grade serous carcinoma. J Pathol. 2013;231(4):449-456. doi:10.1002/path.4252.

[485] Tsuda H, Hashiguchi Y, Nishimura S, et al. Phase I-II study of irinotecan (CPT-11) plus nedaplatin (254-S) with recombinant human granulocyte colony-stimulating factor support in patients with advanced or recurrent cervical cancer. Br J Cancer. 2004;91(6):1032-1037. doi:10.1038/sj.bjc.6602076.

[486] Turan T, Karacay O, Tulunay G, et al. Results with EMA/CO (etoposide, methotrexate, actinomycin D, cyclophosphamide, vincristine) chemotherapy in gestational trophoblastic neoplasia. Int J Gynecol Cancer. 2006;16(3):1432-1438. doi:10.1111/j.1525-1438.2006.00606.x.

[487] Turashvili G, Grisham RN, Chiang S, et al. BRAFV600E mutations and immunohistochemical expression of VE1 protein in low-grade serous neoplasms of the ovary. Histopathology. 2018;73(3):438-443. doi:10.1111/his.13651.

[488] U.S. Department of Health and Human Services, Food and Drug Administration, Oncology Center of Excellence, Center for Drug Evaluation and Research (CDER), Center for Biologics Evaluation and Research (CBER). Clinical Trial Endpoints for the Approval of Cancer Drugs and Biologics Guidance for Industry. 2018;December. (https://www.fda.gov/regulatory-information/search-fda-guidance-documents/clinical-trial-endpoints-approval-cancer-drugs-and-biologics)

[489] Ueno H, Kiyosawa K, Kaniwa N. Pharmacogenomics of gemcitabine: can genetic studies lead to tailor-made therapy?. Br J Cancer. 2007;97(2):145-151. doi:10.1038/sj.bjc.6603860.

[490] Umezawa H, Maeda K, Takeuchi T, Okami Y. New antibiotics, bleomycin A and B. J Antibiot (Tokyo). 1966;19(5):200-209.

[491] Uzunparmak B, Gao M, Lindemann A, et al. Caspase-8 loss radiosensitizes head and neck squamous cell carcinoma to SMAC mimetic-induced necroptosis. JCI Insight. 2020;5(23):e139837. Published 2020 Dec 3. doi:10.1172/jci.insight.139837.

[492] VP-16 FDA label. (https://dailymed.nlm.nih.gov/dailymed/drugInfo.cfm?setid=4f850eb2-3542-43a0-90e8-bb37fa05cf15).

[493] VP-16 添付文書. 2020年3月改訂 (第10版). (https://www.info.pmda.go.jp/go/pack/4240403A2069_1_09/).

[494] Vasey PA, Jayson GC, Gordon A, et al. Phase III randomized trial of docetaxel-carboplatin versus paclitaxel-carboplatin as first-line chemotherapy for ovarian carcinoma. J Natl Cancer Inst. 2004;96(22):1682-1691. doi:10.1093/jnci/djh323.

[495] Vasey PA, Paul J, Birt A, et al. Docetaxel and cisplatin in combination as first-line chemotherapy for advanced epithelial ovarian cancer. Scottish Gynaecological Cancer Trials Group. J Clin Oncol. 1999;17(7):2069-2080. doi:10.1200/JCO.1999.17.7.2069.

[496] Vergote I, Rustin GJ, Eisenhauer EA, et al. Re: new guidelines to evaluate the response to treatment in solid tumors [ovarian cancer]. Gynecologic Cancer Intergroup. J Natl Cancer Inst. 2000;92(18):1534-1535. doi:10.1093/jnci/92.18.1534.

[497] Verma U, English D, Brookfield K. Conservative management of nontubal ectopic pregnancies. Fertil Steril. 2011;96(6):1391-1395.e1. doi:10.1016/j.fertnstert.2011.09.021.

[498] Vermij L, Smit V, Nout R, Bosse T. Incorporation of molecular characteristics into endometrial

## 参考文献

cancer management. Histopathology. 2020;76(1):52-63. doi:10.1111/his.14015.

[499] Verschraegen CF, Levy T, Kudelka AP, et al. Phase II study of irinotecan in prior chemotherapy-treated squamous cell carcinoma of the cervix. J Clin Oncol. 1997;15(2):625-631. doi:10.1200/JCO.1997.15.2.625.

[500] Verschraegen CF, Sittisomwong T, Kudelka AP, et al. Docetaxel for patients with paclitaxel-resistant Müllerian carcinoma. J Clin Oncol. 2000;18(14):2733-2739. doi:10.1200/JCO.2000.18.14.2733.

[501] Vicus D, Beiner ME, Klachook S, Le LW, Laframboise S, Mackay H. Pure dysgerminoma of the ovary 35 years on: a single institutional experience. Gynecol Oncol. 2010;117(1):23-26. doi:10.1016/j.ygyno.2009.12.024.

[502] Vilar E, Gruber SB. Microsatellite instability in colorectal cancer-the stable evidence. Nat Rev Clin Oncol. 2010;7(3):153-162. doi:10.1038/nrclinonc.2009.237.

[503] Vogel WH. Li-Fraumeni Syndrome. J Adv Pract Oncol. 2017;8(7):742-746.

[504] Voutsadakis IA. A systematic review and meta-analysis of hormone receptor expression in low-grade serous ovarian carcinoma. Eur J Obstet Gynecol Reprod Biol. 2021;256:172-178. doi:10.1016/j.ejogrb.2020.11.021.

[505] Voutsadakis IA. Further Understanding of High-Grade Serous Ovarian Carcinogenesis: Potential Therapeutic Targets. Cancer Manag Res. 2020;12:10423-10437. Published 2020 Oct 21. doi:10.2147/CMAR.S249540.

[506] WHO. 生物・化学兵器への公衆衛生対策. 2004:144-150. (https://www.who.int/csr/delibepidemics/biochemguide/en/).

[507] Wagner A, Aretz S, Auranen A, et al. The Management of Peutz-Jeghers Syndrome: European Hereditary Tumour Group (EHTG) Guideline. J Clin Med. 2021;10(3):473. Published 2021 Jan 27. doi:10.3390/jcm10030473.

[508] Wagner U, Marth C, Largillier R, et al. Final overall survival results of phase III GCIG CALYPSO trial of pegylated liposomal doxorubicin and carboplatin vs paclitaxel and carboplatin in platinum-sensitive ovarian cancer patients. Br J Cancer. 2012;107(4):588-591. doi:10.1038/bjc.2012.307.

[509] Waksman SA, Katz E, Vining LC. NOMENCLATURE OF THE ACTINOMYCINS. Proc Natl Acad Sci U S A. 1958;44(6):602-612. doi:10.1073/pnas.44.6.602.

[510] Walker JL, Brady MF, Wenzel L, et al. Randomized Trial of Intravenous Versus Intraperitoneal Chemotherapy Plus Bevacizumab in Advanced Ovarian Carcinoma: An NRG Oncology/Gynecologic Oncology Group Study [published correction appears in J Clin Oncol. 2019 Sep 1;37(25):2299]. J Clin Oncol. 2019;37(16):1380-1390. doi:10.1200/JCO.18.01568.

[511] Wang P, Deng Y, Yan X, et al. The Role of ARID5B in Acute Lymphoblastic Leukemia and Beyond. Front Genet. 2020;11:598. Published 2020 Jun 12. doi:10.3389/fgene.2020.00598.

[512] Wani MC, Taylor HL, Wall ME, Coggon P, McPhail AT. Plant antitumor agents. VI. The isolation and structure of taxol, a novel antileukemic and antitumor agent from Taxus brevifolia. J Am Chem Soc. 1971;93(9):2325-2327. doi:10.1021/ja00738a045.

[513] Wanior M, Krämer A, Knapp S, Joerger AC. Exploiting vulnerabilities of SWI/SNF chromatin remodelling complexes for cancer therapy. Oncogene. 2021;40(21):3637-3654. doi:10.1038/s41388-021-01781-x.

[514] Watkins JC, Downing MJ, Crous-Bou M, et al. Endometrial Tumor Classification by Histomorphology

and Biomarkers in the Nurses' Health Study. J Cancer Epidemiol. 2021;2021:8884364. Published 2021 Mar 12. doi:10.1155/2021/8884364.

[515] Wei JJ, Paintal A, Keh P. Histologic and immunohistochemical analyses of endometrial carcinomas: experiences from endometrial biopsies in 358 consultation cases. Arch Pathol Lab Med. 2013;137(11):1574-1583. doi:10.5858/arpa.2012-0445-OA.

[516] Weiss GR, Green S, Hannigan EV, et al. A phase II trial of carboplatin for recurrent or metastatic squamous carcinoma of the uterine cervix: a Southwest Oncology Group study. Gynecol Oncol. 1990;39(3):332-336. doi:10.1016/0090-8258(90)90262-j.

[517] Wiegand KC, Shah SP, Al-Agha OM, et al. ARID1A mutations in endometriosis-associated ovarian carcinomas. N Engl J Med. 2010;363(16):1532-1543. doi:10.1056/NEJMoa1008433.

[518] Wiernik PH, Schwartz EL, Strauman JJ, Dutcher JP, Lipton RB, Paietta E. Phase I clinical and pharmacokinetic study of taxol. Cancer Res. 1987;47(9):2486-2493.

[519] Wu M, Krishnamurthy K. Peutz-Jeghers Syndrome. In: StatPearls. Treasure Island (FL): StatPearls Publishing; July 22, 2020.

[520] Wu XH, Zhu JQ, Yin RT, et al. Niraparib maintenance therapy in patients with platinum-sensitive recurrent ovarian cancer using an individualized starting dose (NORA): a randomized, double-blind, placebo-controlled phase III trial☆. Ann Oncol. 2021;32(4):512-521. doi:10.1016/j.annonc.2020.12.018.

[521] Xiang L, Li J, Jiang W, et al. Comprehensive analysis of targetable oncogenic mutations in chinese cervical cancers. Oncotarget. 2015;6(7):4968-4975. doi:10.18632/oncotarget.3212.

[522] Yamagami W, Susumu N, Ninomiya T, et al. A retrospective study on combination therapy with ifosfamide, adriamycin and cisplatin for progressive or recurrent uterine sarcoma. Mol Clin Oncol. 2014;2(4):591-595. doi:10.3892/mco.2014.272.

[523] Yamaguchi S, Nishimura R, Yaegashi N, et al. Phase II study of neoadjuvant chemotherapy with irinotecan hydrochloride and nedaplatin followed by radical hysterectomy for bulky stage Ib2 to IIb, cervical squamous cell carcinoma: Japanese Gynecologic Oncology Group study (JGOG 1065). Oncol Rep. 2012;28(2):487-493. doi:10.3892/or.2012.1814.

[524] Yamashita Y, Akatsuka S, Shinjo K, et al. Met is the most frequently amplified gene in endometriosis-associated ovarian clear cell adenocarcinoma and correlates with worsened prognosis. PLoS One. 2013;8(3):e57724. doi:10.1371/journal.pone.0057724.

[525] Yamawaki T, Shimizu Y, Hasumi K. Treatment of stage IV "high-grade" endometrial stromal sarcoma with ifosfamide, adriamycin, and cisplatin. Gynecol Oncol. 1997;64(2):265-269. doi:10.1006/gyno.1996.4537.

[526] Yang CY, Liau JY, Huang WJ, et al. Targeted next-generation sequencing of cancer genes identified frequent TP53 and ATRX mutations in leiomyosarcoma. Am J Transl Res. 2015;7(10):2072-2081. Published 2015 Oct 15.

[527] Yang W, Ernst P. Distinct functions of histone H3, lysine 4 methyltransferases in normal and malignant hematopoiesis. Curr Opin Hematol. 2017;24(4):322-328. doi:10.1097/MOH.0000000000000346.

[528] Yang Y, Zhou M, Hu M, et al. UGT1A1*6 and UGT1A1*28 polymorphisms are correlated with irinotecan-induced toxicity: A meta-analysis. Asia Pac J Clin Oncol. 2018;14(5):e479-e489. doi:10.1111/ajco.13028.

[529] Yano M, Ito K, Yabuno A, et al. Impact of TP53 immunohistochemistry on the histological grading system for endometrial endometrioid carcinoma. Mod Pathol. 2019;32(7):1023-1031.

# 参考文献

doi:10.1038/s41379-019-0220-1.

[530] Yehia L, Eng C. PTEN Hamartoma Tumor Syndrome. In: Adam MP, Ardinger HH, Pagon RA, et al., eds. GeneReviews®. Seattle (WA): University of Washington, Seattle; November 29, 2001.

[531] Yemelyanova A, Vang R, Kshirsagar M, et al. Immunohistochemical staining patterns of p53 can serve as a surrogate marker for TP53 mutations in ovarian carcinoma: an immunohistochemical and nucleotide sequencing analysis. Mod Pathol. 2011;24(9):1248-1253. doi:10.1038/modpathol.2011.85.

[532] Yim EK, Park JS. The role of HPV E6 and E7 oncoproteins in HPV-associated cervical carcinogenesis. Cancer Res Treat. 2005;37(6):319-324. doi:10.4143/crt.2005.37.6.319.

[533] Yu J, Chen GG, Lai PBS. Targeting hepatocyte growth factor/c-mesenchymal-epithelial transition factor axis in hepatocellular carcinoma: Rationale and therapeutic strategies. Med Res Rev. 2021;41(1):507-524. doi:10.1002/med.21738.

[534] Yuan G, Wu L, Huang M, Li N, An J. A phase II study of concurrent chemo-radiotherapy with weekly nedaplatin in advanced squamous cell carcinoma of the uterine cervix. Radiat Oncol. 2014;9:55. Published 2014 Feb 18. doi:10.1186/1748-717X-9-55.

[535] Zhang L, Bhaskaran SP, Huang T, et al. Variants of DNA mismatch repair genes derived from 33,998 Chinese individuals with and without cancer reveal their highly ethnic-specific nature. Eur J Cancer. 2020;125:12-21. doi:10.1016/j.ejca.2019.11.004.

[536] Zhang S, Royer R, Li S, et al. Frequencies of BRCA1 and BRCA2 mutations among 1,342 unselected patients with invasive ovarian cancer. Gynecol Oncol. 2011;121(2):353-357. doi:10.1016/j.ygyno.2011.01.020.

[537] Zhang X, Devins K, Ko EM, et al. Mutational spectrum in clinically aggressive low-grade serous carcinoma/serous borderline tumors of the ovary-Clinical significance of BRCA2 gene variants in genomically stable tumors. Gynecol Oncol. 2021;161(3):762-768. doi:10.1016/j.ygyno.2021.03.019.

[538] Zhang X, Liu J, Liang X, et al. History and progression of Fat cadherins in health and disease. Onco Targets Ther. 2016;9:7337-7343. Published 2016 Dec 1. doi:10.2147/OTT.S111176.

[539] Zhang X, Yin JF, Zhang J, Kong SJ, Zhang HY, Chen XM. UGT1A1*6 polymorphisms are correlated with irinotecan-induced neutropenia: a systematic review and meta-analysis. Cancer Chemother Pharmacol. 2017;80(1):135-149. doi:10.1007/s00280-017-3344-3.

[540] Zhang Y, Garcia-Buitrago MT, Koru-Sengul T, Schuman S, Ganjei-Azar P. An immunohistochemical panel to distinguish ovarian from uterine serous papillary carcinomas. Int J Gynecol Pathol. 2013;32(5):476-481. doi:10.1097/PGP.0b013e31826ddc4e.

[541] Zhao S, Sebire NJ, Kaur B, Seckl MJ, Fisher RA. Molecular genotyping of placental site and epithelioid trophoblastic tumours; female predominance. Gynecol Oncol. 2016;142(3):501-507. doi:10.1016/j.ygyno.2016.05.033.

[542] Zhou M, Yu P, Qu X, Liu Y, Zhang J. Phase III trials of standard chemotherapy with or without bevacizumab for ovarian cancer: a meta-analysis. PLoS One. 2013;8(12):e81858. Published 2013 Dec 4. doi:10.1371/journal.pone.0081858.

[543] Zhou Z, He C, Wang J. Regulation mechanism of Fbxw7-related signaling pathways (Review). Oncol Rep. 2015;34(5):2215-2224. doi:10.3892/or.2015.4227.

[544] Zimny J, Sikora M, Guranowski A, Jakubowski H. Protective mechanisms against homocysteine toxicity: the role of bleomycin hydrolase. J Biol Chem. 2006;281(32):22485-22492. doi:10.1074/jbc.M603656200.

[545] Zivanovic O, Leitao MM Jr, Park KJ, et al. Small cell neuroendocrine carcinoma of the cervix:

## 参考文献

Analysis of outcome, recurrence pattern and the impact of platinum-based combination chemotherapy. Gynecol Oncol. 2009;112(3):590-593. doi:10.1016/j.ygyno.2008.11.010.

[546] de Wit R, Roberts JT, Wilkinson PM, et al. Equivalence of three or four cycles of bleomycin, etoposide, and cisplatin chemotherapy and of a 3- or 5-day schedule in good-prognosis germ cell cancer: a randomized study of the European Organization for Research and Treatment of Cancer Genitourinary Tract Cancer Cooperative Group and the Medical Research Council. J Clin Oncol. 2001;19(6):1629-1640. doi:10.1200/JCO.2001.19.6.1629.

[547] du Bois A, Lück HJ, Meier W, et al. A randomized clinical trial of cisplatin/paclitaxel versus carboplatin/paclitaxel as first-line treatment of ovarian cancer. J Natl Cancer Inst. 2003;95(17):1320-1329. doi:10.1093/jnci/djg036.

[548] ten Bokkel Huinink W, Gore M, Carmichael J, et al. Topotecan versus paclitaxel for the treatment of recurrent epithelial ovarian cancer. J Clin Oncol. 1997;15(6):2183-2193. doi:10.1200/JCO.1997.15.6.2183.

[549] ten Bokkel Huinink W, Lane SR, Ross GA; International Topotecan Study Group. Long-term survival in a phase III, randomised study of topotecan versus paclitaxel in advanced epithelial ovarian carcinoma. Ann Oncol. 2004;15(1):100-103. doi:10.1093/annonc/mdh025.

[550] van Driel WJ, Koole SN, Sikorska K, et al. Hyperthermic Intraperitoneal Chemotherapy in Ovarian Cancer. N Engl J Med. 2018;378(3):230-240. doi:10.1056/NEJMoa1708618.

[551] van Wijk FH, Aapro MS, Bolis G, et al. Doxorubicin versus doxorubicin and cisplatin in endometrial carcinoma: definitive results of a randomised study (55872) by the EORTC Gynaecological Cancer Group [published correction appears in Ann Oncol. 2003 May;14(5):811]. Ann Oncol. 2003;14(3):441-448. doi:10.1093/annonc/mdg112.

[552] van der Graaf WT, Blay JY, Chawla SP, et al. Pazopanib for metastatic soft-tissue sarcoma (PALETTE): a randomised, double-blind, placebo-controlled phase 3 trial. Lancet. 2012;379(9829):1879-1886. doi:10.1016/S0140-6736(12)60651-5.

[553] van der Zanden SY, Qiao X, Neefjes J. New insights into the activities and toxicities of the old anticancer drug doxorubicin [published online ahead of print, 2020 Oct 6]. FEBS J. 2020;10.1111/febs.15583. doi:10.1111/febs.15583.

[554] シスプラチン投与におけるショートハイドレーション法の手引き．日本肺癌学会 (https://www.haigan.gr.jp/modules/guideline/index.php?content_id=25).

[555] 堀江 重郎, 武 藤 智. がん薬物療法時の腎障害診療ガイドライン．日腎会誌 2017;59(5):594-597.

満下 淳地(Junji Mitsushita)
　前橋赤十字病院産婦人科勤務。週1日は他院の病理診断科にも勤務している。1967年生まれ。信州大学医学部卒。博士(医学)。信州大学医学部産婦人科学教室、同分子細胞生化学教室、コロラド大学行動遺伝学教室、自治医科大学附属さいたま医療センター勤務などを経て、現職。
　ブログ：　ObGyn.jp
　twitter：@ObGyn_jp


婦人科がんの分子病理学と治療レジメン
2021年8月1日 初版　　　　　第1刷発行
2021年9月1日　　　　　　　　第2刷発行
ISBN: 978-1-7353819-0-9
本書の無断複製は著作権法上での例外を除き禁じられています。

Lightning Source UK Ltd.
Milton Keynes UK
UKHW021833271021
392931UK00009B/474